高效种植致富直通车

图说 水稻病虫害
诊断与防治

主 编 傅 强 黄世文

参 编 （以姓氏笔画为序）

万品俊 王 玲 刘连盟

何佳春 谢茂成 赖凤香

U0240155

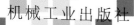

机械工业出版社

本书以原色图谱与文字说明相结合的形式，形象地介绍了我国水稻常见的51种重要病害和37种重要害虫，配以能反映病害症状、害虫形态与为害特点的彩色图片200余幅，并对各种病虫害的发生规律和防治方法进行了简明扼要的介绍。

本书有助于读者在水稻发生病虫害时快速进行田间诊断和提出防治对策，适合水稻生产人员、农技推广人员、植保专业技术人员、农药营销人员、科研人员使用，也可供农业院校相关专业的师生阅读参考。

图书在版编目（CIP）数据

图说水稻病虫害诊断与防治/傅强，黄世文主编.
—北京：机械工业出版社，2019.1（2023.4重印）
（高效种植致富直通车）
ISBN 978-7-111-61560-6

Ⅰ．①图…　Ⅱ．①傅…②黄…　Ⅲ．①水稻－
病虫害防治－图解　Ⅳ．①S435.11-64

中国版本图书馆CIP数据核字（2018）第279361号

机械工业出版社（北京市百万庄大街22号　邮政编码100037）
总　策　划：李俊玲　张敬柱
策划编辑：高　伟　责任编辑：高　伟
责任校对：樊钟英　责任印制：张　博
保定市中画美凯印刷有限公司印刷
2023年4月第1版第4次印刷
140mm×203mm·9.375印张·229千字
标准书号：ISBN 978-7-111-61560-6
定价：49.80元

前　言

　　水稻是我国最主要的粮食作物，全国有 65% 以上的人口以大米为主食。1998～2017 年，我国水稻年平均播种面积和总产量分别约占全国粮食作物播种面积和总产量的 29% 和 40%。稻谷生产的丰歉余缺，在很大程度上制约着我国的粮食市场走势和粮食安全形势。水稻是病虫害较多的作物，病虫害是影响我国水稻生产的最主要因素之一，其发生面积大、灾变频率高、危害损失大。据统计，我国近 20 年来，每年水稻病虫害的发生面积超过 6500 万公顷次，损失率高达 10%～30%。通过采取防治措施，每年挽回稻谷损失近 240 亿千克。因此，对水稻病虫害的准确识别和有效防治，是水稻优质、高产、稳产的重要保障。

　　水稻病虫害种类众多，据记录仅害虫就有 624 种之多，但真正对水稻生产构成严重危害的仅数十种，识别这些重要种类是有效防治病虫害的关键环节。本书共选取了我国常见的水稻病害 51 种和害虫 37 种，其中的病害包括病原微生物引起的病害 38 种（含真菌性病害 21 种、细菌性病害 6 种、病毒类病害 9 种和线虫类病害 2 种）和生理性病害 13 种（含营养缺乏症 7 种、农药药害 3 种，以及低温冷害、高温热害和倒伏灾害各 1 种），害虫包括 35 种昆虫（含食叶类昆虫 8 种、钻蛀性昆虫 9 种、刺吸式昆虫 13 种、食根类昆虫 5 种）和螨类、软体动物各 1 种（均为食叶类害虫）。本书还选配了反映病害症状、害虫形态和为害特点的彩色图片 200 多幅，旨在为水稻生产第一线的广大稻农和科技工作者提供切实的帮助。

　　在本书撰写过程中，中国水稻研究所张志涛研究员、胡国文研究员提供了部分照片，帮助审阅文稿并给予诸多的有益建议；广西壮族自治区农业科学院黄凤宽研究员提供了稻瘿蚊、三化螟标本；浙江科技大学商晗武博士提供了稻象甲照片；中国水稻研究所章秀福研究员提供了水稻条纹叶枯病照片，王国超、高玉林、刘卓荣协助拍摄了部分照片。在本书编写过程中，受到国家重点研发项目（2016YFD0200800）、国家水稻产业技术体系（CARS-01）和中国农业科学院科技创新工程等方面课题的资助，在此表示衷心的感谢。

　　需要特别说明的是，本书所用药物及其使用剂量仅供读者参考，不可完全照搬。在实际生产中，所用药物学名、通用名与实际商品名称存在差异，药物浓度也有所不同，建议读者在使用每一种药物之前，参阅厂家提供的产品说明以确认药物用量、用药方法、用药时间及禁忌等。

　　水稻分布范围广，除一些发生普遍、危害严重的主要病虫害之外，各地还可能存在一些特有的种类，且随着水稻品种、耕作制度、生产技术、全球气候等因素的变化，水稻病虫害也会不断演化，一些外来种类或原本不危害水稻的种类也可能给水稻生产造成严重危害，加之我们的水平和经验有限，本书遗漏之处在所难免，希望广大读者不吝指正。

编　者

V

目　录

前言

161 第二章　水稻病虫害的发生与防治

第一节　病害的发生
**　　　　与防治** ··········· 164

277 附录

289 参考文献

第一章　水稻病虫害的诊断

▶▶ 第一节　病害的诊断 ◀◀

依据致病原因的不同，通常将水稻病害分为真菌性病害、细菌性病害、病毒类病害和线虫类病害。此外，还有元素缺乏、高低温或农药等引起的生理性病害。

一、水稻真菌性病害 ▷▷▷▷

真菌性病害是对水稻危害最严重的一类病害，以稻瘟病、纹枯病、稻曲病和恶苗病最为常见，其中前三者并称近年来我国水稻新三大病害。

★ 1. 稻瘟病 [*Magnaporthe grisea*（*Pyricularia oryzae*）]

【发生与危害】稻瘟病又名稻热病、火烧瘟、叩头瘟、掐颈瘟、吊头瘟等。此病在世界上种植水稻的国家和地区几乎都有记录，尤以我国、日本、韩国、印度和东南亚国家发生较重。其分布广泛，危害严重，是水稻的主要病害。据统计，全球每年因稻瘟病造成的粮食损失高达 1.57 亿吨。

在我国，稻瘟病一般可造成稻谷产量损失 10%～20%，重发田块产量损失可达 40%～50%，甚至颗粒无收。有关其发生的记载最早见于明代宋应星的《天工开物》（1637 年）。20 世纪 90 年代以来，我国稻瘟病年平均发生面积在 380 万公顷次以上，年损失稻谷超过数亿千克。如 1993 年我国稻瘟病特大发生，发生面积达 543.2 万公顷次，损失稻谷达数十亿千克。近年来，随着水稻品种种植的单一化、集中化，以及环境和气候变化的影响，稻瘟病的危害越来越重，尤其在西南、长江中游和东北等水稻种植区发生的风险较高，对我国水稻生产构成严重威胁。

【症状识别】水稻从苗期到成熟期，稻株地上部分各部位均可受到病菌侵染而发病。根据发病部位可将该病分为以下5种。

（1）苗瘟　秧苗在三叶期前发病，多由种子带菌引起，主要见于南方稻区，而北方稻区多不发生。三叶期前病苗基部灰黑色枯死，无明显病斑；三叶期后病苗叶片上的病斑呈短纺锤形、棱形或不规则小斑，为灰绿色或褐色，湿度大时病斑上产生青灰色霉层，严重时成片枯死（图1-1）。

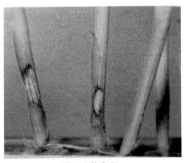
秧田叶鞘病斑

大田苗叶瘟

大田苗瘟

图1-1　水稻苗瘟常见症状

（2）叶瘟　在秧苗三叶期后至穗期均可发生，分蘖盛期发病较多。初期病斑为水渍状褐点，以后病斑逐步扩大，最终造成叶片枯死。病斑常因天气条件的影响和品种抗病性不同而有差异。根据形状、大小和色泽的不同，可将病斑分为4种类型（图1-2）。

1）普通型（慢性型）病斑：为最常见的症状。病斑呈梭形，最外层为浅黄色晕圈，称为中毒部；内圈为褐色，称为坏死部；中央呈灰白色，称为崩溃部。病斑两端中央的叶脉常变为褐色长条状，称为坏死线。此"三部一线"是其主要特征，也称典型病斑。潮湿时，病斑背面生有灰白色霉层。

2）急性型病斑：感病品种的叶片常产生暗绿色近圆形至椭圆形或不规则形的水渍状病斑，正反两面都有大量灰色霉层。此类病斑发展快，常为病害发生、流行的先兆。

3）白点型病斑：感病品种的嫩叶感病后，产生白色的近圆形小病斑。如果天气条件有利于病害发展，可迅速扩展成为急性型病斑。

4）褐点型病斑：病斑呈褐色，针头大小，多产生在气候干燥、抗病品种和稻株下部的叶片上，在适温、高湿条件下，可转为普通型病斑。

普通型 急性型

白点型 褐点型

图1-2 病斑常见的4种类型

（3）**节瘟、叶枕瘟**　节瘟病初在稻节上产生褐色小点，后围绕节部扩展，使整个节部变黑腐烂，干燥时病部易横裂折断，早期发病可造成白穗。叶枕瘟发生在叶片基部的叶耳、叶环和叶舌上，初期病斑呈灰绿色，后期呈灰白色或褐色，潮湿时长出灰绿色霉层（图1-3），可引起病叶枯死和穗颈瘟。

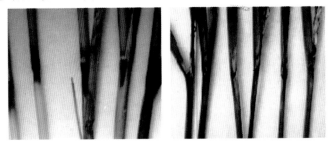

图1-3　节瘟（左）和叶枕瘟（右）

（4）**穗颈瘟、枝梗瘟**　发生在穗颈部和小穗枝梗上（图1-4）。

穗颈瘟（局部）

穗颈瘟（田间）

枝梗瘟

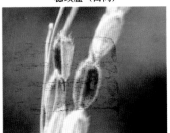

谷粒瘟

图1-4　穗部稻瘟病常见症状

病斑初期为暗褐色，后期变为黑褐色。在高湿条件下，病斑产生青灰色霉层。发病早的形成白穗，发病迟者，籽粒不饱满，空秕谷增加，千粒重下降，米质差，碎米率高。

（5）谷粒瘟 发生在谷粒的内外颖上（图1-4）。发病早的病斑呈椭圆形，灰白色，随稻谷成熟，病斑不明显；发病迟的病斑为褐色，椭圆形或不规则形。

〔病原菌〕 稻瘟病菌的有性世代为灰色大角间座壳 [*Magnaporthe grisea* （Hebert） Barr]，仅在人工培养下产生，自然条件下尚未发现；无性世代为稻梨孢 [*Pyricularia grisea* （Cooke） Sacc *Pyricularia oryzae* Cav]。该病菌属于半知菌亚门，梨孢霉属真菌。

（1）无性态 分生孢子梗从患病组织的气孔或表皮成簇生出，很少单生，不分枝，一般有2~4个隔膜，基部较粗，呈浅褐色，顶部较细，色较浅，顶部形成分生孢子后，从其侧方生出短枝，再生分生孢子，如此连续多次，分生孢子脱落后，梗顶部呈屈折状。分生孢子无色或呈浅褐色，洋梨形或倒棍棒形，顶端钝尖，基部钝圆，有脚胞，成熟后常具有2个隔膜（图1-5）。

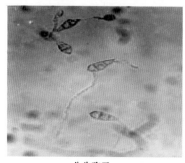
分生孢子

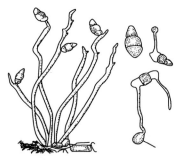
分生孢子梗、分生孢子及其萌发

图1-5　稻瘟病菌

（2）有性态 病菌子囊壳为黑色球形，有长喙，子囊为圆柱形至棍棒形，多数子囊有8个子囊孢子，少数有1~6个。子囊孢子呈不规则排列，无色，呈梭形，略弯曲，有3个隔膜。

（3）**病菌生理** 菌丝生长温度为 8 ~ 37℃，适宜温度为 26 ~ 28℃。分生孢子在 10 ~ 35℃ 温度范围内均可形成，以 25 ~ 28℃ 为最适。萌发温度范围为 15 ~ 32℃，适宜温度为 25 ~ 28℃。分生孢子致死温度：湿热条件下为 52℃（5 ~ 7 分钟），病节内的菌丝为 55℃（10 分钟），谷粒组织内为 53℃（5 分钟）。病菌对干热有较强的抵抗力。干燥条件下，分生孢子在 60℃ 经 30 小时仍有部分存活；于 4 ~ 6℃ 条件下，经过 50 ~ 60 天，仍有 20% 存活。病菌在速冻条件下，-30℃ 下可存活 18 个月。在室温条件下，稻节和麦粒上培养的菌可形成分生孢子，但要求相对湿度在 93% 以上，并需有一定时间的光暗交替条件。萌发时要求相对湿度在 90% 以上，最好有水滴或水膜存在。

（4）**毒素** 病菌可产生 5 种毒素，即稻瘟菌素、σ-吡啶羧酸、细交链孢菌酮酸、稻瘟醇及香豆素。这些毒素对稻株有抑制呼吸和生长发育的作用。将提取的稻瘟菌素、吡啶羧酸、交链孢菌酮酸的稀释液，分别滴在叶片的机械伤口上，置于适宜温度下都可引起叶片呈现与稻瘟病相似的病斑。

（5）**生理小种分化** 稻瘟病病菌对不同品种的致病性具明显的专化牲，据此区分为不同的生理小种。我国稻瘟菌生理小种的鉴别寄主为特特勃、珍龙 13、四丰-43、东农 363、关东 51、合江 18 和丽江新团黑谷 7 个品种。目前，长江流域双季籼粳稻混栽区小种组成较为复杂，籼稻品种以 ZB、ZC 群小种为主，粳稻品种以 ZF、ZG 群小种居多。但需注意，不同地区因水稻主栽品种等因素的不同而使优势小种有较大差别。

★ **2. 纹枯病**（*Thanatephorus cucumeris*，*Rhizocotonia solani*）

【**发生与危害**】 纹枯病又名云纹病、花脚秆，是我国水稻的主要病害，凡种植水稻的地方均能发生。目前，不论是发生面积、发生频率还是造成的产量损失等，均居各病害之首。该病主要为害水稻叶鞘和叶片，严重时也为害茎秆和穗部，一般受害轻的减产5%~10%，重者减产可达50%~70%。如果前期严重受害，造成"倒塘"或"串顶"，可能颗粒无收。近年来，我国水稻在生产上施氮量仍维持在较高水平，加之缺乏抗源，难有抗纹枯病的水稻品种推广，纹枯病的发生和危害风险仍居于高位。

〔症状识别〕 水稻从苗期到成熟期均可感病。该病主要为害叶鞘、叶片，严重时可侵入茎秆并蔓延至穗部（穿顶）（图1-6）。

苗期症状（接种）

苗期穿顶

急性病叶及菌核

受害叶鞘及菌核

大田穿顶

图1-6 纹枯病常见症状

苗期发病时从基部开始出现白色菌丝（接种条件下），逐渐往上延伸，造成穿顶。叶鞘发病先在近水面处出现水渍状暗绿色小点，逐渐扩大后呈椭圆形或云形病斑，叶片病斑与叶鞘病斑相似。叶片发病严重时，叶片早枯，可导致稻株不能正常抽穗，即使抽穗，病斑蔓延至穗部，造成瘪谷增加，粒重下降，并可造成倒伏或整株枯死，有时造成"串顶"。湿度大时，病部长有白色蛛丝状菌丝及扁球形或不规则形的暗褐色菌核（菌核初为白色，后转为浅黄色、黄色、褐色），菌核以少量菌丝连接于病部表面，容易脱落。高温、高湿最有利于该病的发生、发展和为害。

〔病原菌〕 纹枯病菌有性态为担子菌亚门，亡革菌属瓜亡革菌［*Thanatephorus cucumeris*（Frank）Domk］；无性态属于半知菌亚门，丝核属真菌茄丝核菌（*Rhizoctonia solani* Kühn）。菌丝初期为无色，后期变为浅褐色，分枝近直角，分枝处梢溢缩，近分枝处有1个隔膜。该菌不产生分生孢子，易产生菌核，菌核后期为黄褐色，扁球状或不规则形。

（1）病菌形态 菌核由菌丝体交织纠结而成，初期为白色，后期变为暗褐色，呈扁球形、肾形或不规则形，表面粗糙，有少量菌丝与寄主相连，成熟后易脱落于土壤中。菌核大小不一，明显分为外层和内层。菌核具有圆形小孔洞，即萌发孔，菌核萌发时菌丝也由此伸出（图1-7左）。

担子呈倒卵形或圆筒形，顶生2~4个小梗，其上各着生1个担孢子；担孢子为单胞、无色、卵圆形（图1-7右）。

（2）寄主范围 茄丝核菌的寄主范围很广，自然寄主有15科近50种植物，人工接种时，可侵染54科210种植物。重要寄主作物有水稻、玉米、大麦、高粱、粟、黍、豆类、花生、甘蔗和甘薯等。

（3）生理分化 茄丝核菌的寄主范围广，为害各种寄主的生态要求又各不相同。国际上普遍采用 Ogoshi 的菌丝融合群

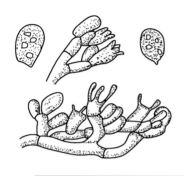

图1-7 稻纹枯病菌菌核（左）和菌丝体与担孢子（右）

（*anastomosis* group，AG）标准菌株作为田间分离物测试菌。茄丝核菌有12个菌丝融合群，至少有18个菌丝融合亚群。水稻纹枯病菌主要为茄丝核菌第一菌丝融合群（AG-1）。在AG-1的各菌株间，其致病力也存在差异，可按病菌的培养性状和致病力划分为3个型，即A、B、C型，A型致病力最强，B型次之，C型最弱。

★ **3. 稻曲病** ［*Ustilaginoidea virens*（Cke）Tak］

【发生与危害】稻曲病又称青粉病、伪黑穗病，多发生在收成好的年份，故又名丰收果，在我国各大稻区均有发生。随着紧凑型、大穗型、高产超高产水稻品种的推广及施肥水平的提高，该病的发生越来越突出，发生面积扩大，危害程度加重，已取代白叶枯病成为我国水稻新三大病害之一。感病稻穗空秕粒显著增加，一般可减产5%~10%。其对产量造成的损失尚属次要，更主要的是病原菌有色，产生毒素，孢子污染稻谷，降低稻米品质。

【症状识别】主要在水稻抽穗扬花期感病，为害穗上部分谷粒，少则每穗1~2粒稻曲球，多则10多粒。受害病粒菌丝在谷粒内形成块状，逐渐膨大，先从内外颖壳缝隙处露出乳白色包裹的小粒（稻曲球），病粒逐渐变大，乳白色包膜破裂，露出浅黄绿色孢子座，然后包裹整个颖壳，形成比正常谷粒大3~4倍的菌块，颜色逐渐变为墨绿色，最后孢子座表面龟裂，散出墨绿色粉状物，有毒，也有的出现白色或荔枝状稻曲球。孢子座表面可产生黑色、扁平、硬质的菌核。近年因气候、栽培措施、品种（大穗、密穗、高产、耐肥）等改变，稻曲病的发生非常严重（图1-8）。

感病初期及乳白色稻曲球　　　　　　病穗及黄色稻曲球

病穗后期及墨绿色稻曲球　　　　　　荔枝状稻曲球

田间重发症状

图1-8　稻曲病常见症状

[病原菌] 稻曲病菌属于半知菌亚门绿核菌属真菌。厚垣孢子侧生于菌丝上，呈球形或椭圆形，黄褐色，表面有瘤状突起，分生孢子为单胞、椭圆形；子囊壳内生于子座表层，子囊呈圆筒形，子囊孢子为无色、单胞、丝状（图1-9）。病菌在24～

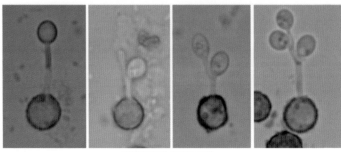

稻曲病菌分生孢子萌发

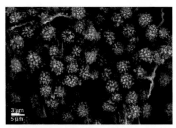

稻曲病菌厚垣孢子（电镜扫描图）

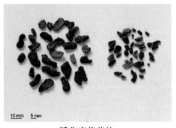

稻曲病菌菌核
（左：自然形成，右：人工诱导）

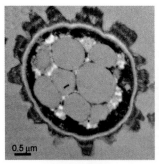

稻曲病菌厚垣孢子
超微结构

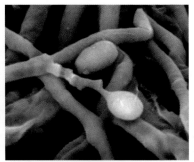

人工培养的稻曲病菌
产生分生孢子

图1-9　稻曲病病原菌各个时期形态（胡东维　供）

32℃发育良好，厚垣孢子发芽和菌丝生长以28℃为最适，当气温低于12℃或高于36℃时则不能生长。

★ **4. 恶苗病** [Gibberella fujikuroi（Fusarium moniliforme）]

【发生与危害】 恶苗病又称徒长病、白秆病，在我国南方和东南亚一些国家还有"公稻"的俗称，是一种世界性病害，广泛分布于世界各水稻产区。近年随着品种的调运和南繁，该病在我国各水稻种植区均有发生。由恶苗病造成的损失缺乏精确统计，日本北海道报道损失20%，有的地区甚至高达40%~50%。过去该病在我国发生、危害严重，随着种子处理技术的推广，该病已基本得到控制。但近年因各种原因，恶苗病在东北、西北、华中等稻区又有回升，甚至严重发生。

【症状识别】 水稻从秧苗期到抽穗期均可发病。苗期发病与种子带菌有直接关系。感病重的稻种多不发芽或发芽后不久即死亡；轻病种发芽后，植株细长，叶狭窄根少，全株呈浅黄绿色，一般高出健苗1/3~1/2，部分病苗移栽前后死亡；枯死苗上有浅红色或白色霉状物，本田内病株表现为拔节早、节间长、茎秆细高、少分蘖、节部弯曲变褐、有不倒生定根，剖开病茎，内有白色丝状菌丝（图1-10）。

本田内非徒长型病株也常见到。病株下叶发黄，上部叶片张开角度大，地上部茎节上长出倒生根，病株不抽穗。枯死病株在潮湿条件下表面长满浅红色或白色粉霉。轻病株可抽穗，但穗短而小，籽粒不实。稻粒感病，严重者变褐不饱满，或在颖壳上产生红色霉层，轻病者仅谷粒基部或尖端变褐，外观正常，但带病菌。

【病原菌】 恶苗病菌有性世代为子囊菌纲子囊菌亚门赤霉属真菌藤仓赤霉菌 [Gibberella fujikuroi（Sawada）Wollenw]，无性世代为半知菌亚门镰刀菌属串珠镰孢菌（Fusarium moniliforme

苗期症状

病株和健株对比

病株倒生根

大田症状（后期）

大田症状（中期）

图1-10 恶苗病常见症状

Sheld）（图1-11）。

恶苗病菌丝生长的最适温度为 25～30℃，分生孢子在 25℃ 的水滴中，经 5～6 小时即可萌发，子囊壳形成最适温度为 26℃，子囊孢子在 25～26℃ 时，经 5 小时大多可萌发。病菌侵染寄主的最适温度为 35℃，在 31℃ 时，诱发徒长最明显。

水稻恶苗病菌培养性状

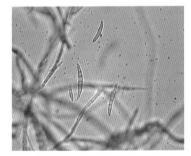

水稻恶苗病菌菌丝和分生孢子

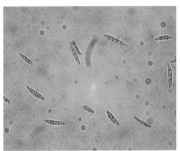

水稻恶苗病菌分生孢子（镰刀状）

图1-11　水稻恶苗病菌

5. 菌核秆腐病（*Natateae srgmoidea*，*Nakateae irreglare*，*Sclerotium oryxaesativae*）

【发生及危害】　菌核秆腐病在我国稻作区都有分布，华南早、晚稻均能发生，一般晚稻重于早稻。水稻菌核秆腐病包括小球菌核病、小黑菌核病、球状菌核病、褐色菌核病和灰色菌核病。这些病害的发病部位和症状很相似，主要为害稻株基部，致使茎秆腐烂，故称秆腐病。以小球菌核病、小黑菌核病和球状菌核病的发生、危害较为重要，多为小球菌核病和小黑菌核病混合发生。菌核秆腐病是上述各菌核病的通称。病重时可致植株倒伏，增加秕谷率，使千粒重下降，米质变差，一般减产10%~25%，重

15

的损失稻谷50%以上。

〔症状识别〕 菌核秆腐病由多种菌核病菌引起，为害水稻植株基部，形成病斑，受害植株内外均可形成菌核。

（1）小球菌核病 ［*Natateae srgmoidea*（＝*Helminthosporium sigmoideum*，*Curvu-laria sigmoidea*），*Leptosphaeria salvinii*］ 近水面叶鞘上产生黑色纵向条斑或不规则大斑，表面生稀疏浅灰色霉层，病鞘内侧有菌丝块，茎秆受害使基部成段变黑软腐，后变成白色腐朽，拨开茎秆，病秆内有大量黑色菌核（图1-12）。病株容易倒伏。

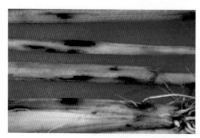

图1-12 小球菌核病为害状及菌核

（2）小黑菌核病 ［*Nakateae irreglare*（＝*Helminthosporium sigmoicleum var. irregulare*）］ 症状与小球菌核病相似，但叶鞘上的黑色病斑较小，无纵向坏死线，病鞘内侧不形成菌丝块，茎秆上病斑的黑线不明显（图1-13）。

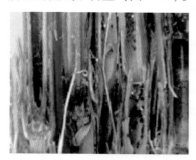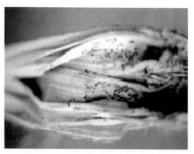

图1-13 小黑菌核病为害状及菌核

（3）褐色菌核病（*Sclerotium oryxaesativae*）　叶鞘上产生椭圆形病斑，中央为灰褐色，边缘为褐色，病斑大多汇合。茎部受害变为深褐色而枯死，叶鞘组织及茎秆空腔内生有黑褐色小菌核（图1-14）。

图1-14　褐色菌核病为害状

6. 胡麻叶斑病 ［*Bipolaris oryzae*（*Helmimthosporium oryzae*），*Cochliobolus miyabeanus*］

［**发生及危害**］　胡麻叶斑病又称胡麻叶枯病，在全国各稻区均有发生。该病易与稻瘟病混淆，主要在叶上散生许多大小不等的病斑，病斑中央为灰褐色至灰白色，边缘为褐色，周围有黄色晕圈，病斑的两端无坏死线，这是与稻瘟病的重要区别。该病多发生在缺水肥引起水稻生长不良的稻田内，缺钾会加重该病的发生。

［**症状识别**］　从苗期到收获期均可发病（图1-15），以叶片发病较普遍。种子发芽即可感病，芽鞘变褐，严重者不待鞘叶抽出，即枯死。秧苗叶片和叶鞘上的病斑多为芝麻粒大小，椭圆或近圆形，褐色至暗褐色，病斑多时秧苗枯死。成株叶片染病时，初为褐色小点，渐扩大为椭圆斑，如芝麻粒大小，病斑中央为褐色至灰白，边缘为褐色，周围有深浅不同的黄色晕圈，严重时连成不规则大斑。病叶由叶尖向内干枯，呈浅褐色，死苗上产生黑色霉状物（病菌分生孢子梗和分生孢子）。叶鞘上染病病斑

初为椭圆形，暗褐色，边缘为淡褐色，水渍状，后变为中心灰褐色的不规则大斑。穗颈和枝梗发病，受害部位为暗褐色，造成穗枯，注意与穗茎瘟的区别。谷粒染病时，早期受害的谷粒为灰黑色，后期扩至全粒造成秕谷。后期受害病斑小，边缘不明显。病重的谷粒质脆易碎。气候湿润时，上述病部长出黑色绒状霉层，即病原菌分生孢子梗和分生孢子。

感病秧苗

感病叶片病斑

田间病症

田间病症(局部)

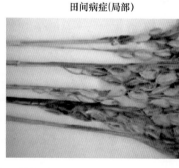

图1-15 胡麻叶斑病常见症状

[病原菌] 病原为 *Helminthospotium oryzae* Breda de Hann,

属于半知菌亚门，长孺孢属（图1-16）。病菌生长温度为5～35℃，以28℃最为适宜。分生孢子形成温度为8～33℃，最适温度为30℃左右；孢子萌发最适温度为24～30℃，并需要相对湿度在92%以上，最好有水滴存在。

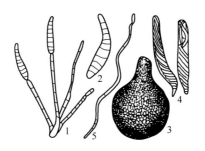

图1-16　胡麻叶斑病菌
1、2—分生孢子梗及分生孢子　3～5—子囊及子囊孢子

7. 稻粒黑粉病 [*Tilletia barclayana* (*Bref. Sacc & Syd.*), *Neovossia horrida*]

〔发生及危害〕　稻粒黑粉病又称稻粒黑穗病，俗称乌米谷、乌籽。自20世纪70年代推广杂交稻以来，该病发生渐趋严重，特别是杂交稻制种田受害更甚，是杂交水稻繁育、制种、不育系等最严重的病害之一，制种田发病率高达100%，病粒率一般为5%～20%，重病田可达50%以上。该病的发生与剑叶叶鞘包穗、叶鞘腐败病的发生关系密切，三系杂交稻的不育系经常出现抽穗困难、叶鞘腐败病严重，稻粒黑粉病常严重发生。

〔症状识别〕　水稻近黄熟时症状才较明显，主要为害稻穗，一般仅个别谷粒或小穗受害，在颖壳合缝处长出白色至黑色舌状凸起，黑粉散落黏附在颖壳表面。病菌先在病粒内部生长，破坏籽粒结构，颖壳仅颜色变暗。冬孢子成熟后，从内外颖壳缝隙处露出圆锥形黑色角状物，破裂后散出黑色粉末。病谷的米粒全部或部分被破坏，成熟时内、外颖间开裂，露出圆锥形黑色角状物，破裂后散出黑色粉末（冬孢子），黏附于开裂部位。也有的在外颖背线近护颖处开裂，有绛红色或白色舌状的米粒残余从裂缝处突出，在开裂部位常黏附有黑色粉末。有些病粒呈暗绿色，不开裂，似青瘪谷，但手捏有松软感，内部充满黑粉（图1-17）。

图1-17 稻粒黑粉病的感病稻穗

〔病原菌〕 稻粒黑粉病是由狼尾草腥黑粉菌（*Tilletia barclayana*）引起的水稻谷粒病害，有性态（*Neovossia horrida*）属于担子菌亚门腥黑粉菌属真菌。冬孢子近球形，黑褐色，表面密生无色的齿状凸起，齿状凸起排列整齐，冬孢子表面常可见一无色透明的尾状残余物。冬孢子堆中混有球形、无色的不孕细胞。担孢子为线形、无色、单胞，在担子顶端轮状着生（图1-18）。

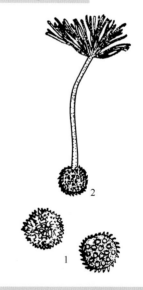

图1-18 稻粒黑粉病病原菌
1—厚垣孢子 2—厚垣孢子萌发
注：该图引自参考文献 [4]。

8. 真菌性颖（谷）枯病［*Phyllesticta glumarum*（Ell et. Tracy）Miyake，*Phoma sorghina*（Scc.）Boerema］

〖发生与危害〗 真菌性颖（谷）枯病又称谷粒病、稻谷枯病，是水稻常见的病害之一。仅侵染谷粒颖壳，发病早的可使稻株不能结实；发病迟的则影响谷粒灌浆充实，千粒重明显降低。该病广布于世界各稻区，在我国以南方稻区为多见，发病严重性与年份和地区有关，发病较轻的仍可结实，但米质差，容易破碎；发病严重的形成秕粒，使受害早稻产量及品质下降。一般可使结实下降10%左右，千粒重降低0.6～1.0克，稻谷减产5%～8%，严重的可达20%以上。

〖症状识别〗 只为害谷粒，初在颖壳尖端或侧面生褐色椭圆形小斑点，渐扩大至谷粒大半或全部，病斑变为深褐色，中央为灰白色或枯白色，散生许多小黑点（分生孢子器）（图1-19）。

粳稻病穗

早期病穗

籼稻病穗

图1-19 真菌性颖（谷）枯病常见症状

抽穗扬花期发病，花器被破坏成空壳；灌浆期受害米粒停止发育，形成秕谷；后期受害仅在谷粒上生褐色斑点。

[病原菌] 属半知菌亚门真菌，为谷枯叶点霉 [*Phyllosticta glumarum* (Ell. et Fr.) Miyake, *Phoma sorghina* (Scc.) Boerema, Dorenb. et Kest]。分生孢子器初埋生在病部表皮下，后全部外露仅基部留在病组织里，散生或群生，球形至扁球形，黑褐色，基部为黄褐色，顶端凸起为孔口。分生孢子小，无色或色浅，单胞，卵形至椭圆形，大小为 (3~6) 微米 × (2~3) 微米，成熟后遇水可成群从孔口逸出 (图1-20)。

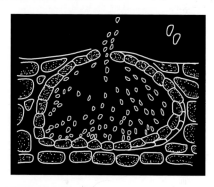

图1-20　真菌性颖 (谷) 枯病病菌的子囊及子囊孢子

9. 穗腐病 (*Fusarium proliferatum*, *Bipolaris australiensis*, *Curvularia lunata*, *Alternaria tenuis*)

[发生与危害] 穗腐病 (Rice spikelet rot disease, RSRD) 是我国发病率呈上升趋势的水稻穗部病害，引起水稻结实率降低及谷粒变色。由于全球气候变化、耕作栽培制度的改变、氮肥施用量的增加及品种的更替等原因，穗腐病的发生和危害逐年加重。该病主要发生在水稻生育后期，故一旦发生便会造成水稻严重减产，带来巨大的经济损失。

我国穗腐病过去仅零星发生，危害较轻，没有引起足够重视。2005 年中国水稻研究所在浙江稻田里发现谷粒颖壳产生黄褐色或铁锈色椭圆形小斑点的病穗，后期病斑扩大并变为（黄）褐色至黑褐色，有些伴有白色霉层；后通过对病原菌及病害特征的研究，将其命名为水稻穗腐病。也有报道称其为变色稻谷、颖枯病、褐变穗。

近年来该病在广东、广西、四川、重庆、云南、湖南、湖北、江西、安徽、江苏、浙江、辽宁、黑龙江等省、市、区的稻区均有发生，且上升趋势明显，尤其在粳型、大穗型、紧穗型、直立型和多分蘖的水稻品种上为害较重，成为影响我国水稻高产、稳产和优质生产的重要因素。目前我国粳型水稻品种年均种植面积为 750 万 ~840 万公顷，穗腐病常年发生面积为 80 万 ~100 万公顷。重病田块中丛发病率可达 100%，穗发病率达 30% ~95%，每穗病粒率达 30% ~75%，受害稻穗结实率下降 8% ~10%，千粒重降低 0.6 ~1.0 克，一般减产 5% ~10%，严重的达 30% 以上，甚至颗粒无收。

【病害症状】 一般在抽穗扬花期的穗部颖壳感病。发病初期上部小穗颖壳尖端或侧面产生椭圆形小斑点，后逐渐扩大至谷粒大部或全部。谷粒初期为铁锈红色，后逐渐变为黄褐色或褐色，水稻成熟时变为黑褐色。局部病穗有白色的霉层。发病早而重的稻穗不能结实，造成白穗；发病迟的则影响谷粒灌浆的充实性，造成瘪粒，降低千粒重（图 1-21）。

【病原菌】 在国外，穗腐病称为稻谷霉斑病（Pecky rice）、谷粒斑点病（Kernel spotting）、混合感染病害（Miscellaneous diseases）或脏穗（Dirty panicle）。认为造成穗腐病主要原因有 3 个：一是稻椿象（*Oebalus pugnax*）取食为害引起的谷粒变色，或者椿象取食后，其口针带入病原真菌或直接由真菌通过伤口侵染造成；二是由多种已知和未知的真菌引起；三是由细菌颖壳伯

大田早期症状 　　　　　　　　　大田后期症状

品种病症比较 　　　　　　　　　感病稻穗

图 1-21 水稻穗腐病常见症状

克氏菌（*Burkholderia glumae*）引起的。其中对稻椿象为害引起的谷斑病和细菌性颖枯病研究较多，而对真菌引起的水稻穗腐病则少有报道。

　　国内则多认为其病原是多种真菌，具体种类尽管众说纷纭，但各报道的优势致病菌主要有交链孢属（*Alternaria* sp.）、青霉属（*Penicillimn* sp.）、弯孢霉属（*Curvularia* sp.）、镰刀菌属（*Fusarium* sp.）及平脐孺孢属（*Bipolaris* sp.）。笔者从国内外大量穗腐病标样上分离到多个真菌，主要有层出镰刀菌（*Fusarium proliferatum*）、澳大利亚平脐孺孢菌（*Bipolaris australiensis*）、新月弯孢菌（*Curvularia lunata*）和细交链孢菌（*Alternaria tenuis*）等，并通过水稻孕穗后期穗苞注射、开花期小颖注射或喷雾接种，明确这4种菌均能使水稻表现出穗腐病病症，表明穗腐病病原的复杂性。进一步经过田间孢子捕捉、不同时期采样分离、不同病原菌接种及再分离和毒素检测等试验证实层出镰刀菌为水稻穗腐病的主要病原菌，但各病原菌的侵染顺序和致病机制还需进一步研究。

★ 10. 稻一柱香病 (*Ephelis oryzae*)

〔发生与危害〕 稻一柱香病在国内见于云南和四川局部地区，国外则主要分布于印度。云南病区严重时病穗率一般为 5% ~ 20%，严重的达 30%。该病曾被列入检疫对象，由于大力推行种子处理，从无病区引进无病良种并改进栽培技术，该病基本得到控制。但近年由于个别地方种子处理工作抓得不紧，病害又有抬头趋势。

〔症状识别〕 水稻从幼苗期至抽穗期均能感病，主要为害穗部，出穗之前病菌在颖壳内长成米状实体，将全部花蕊包埋其中，后菌丝体从内外颖缝合处延伸到颖壳外，缠绕小穗，使小穗不能展开，抽出后成直立圆柱状，颇似供佛之线香，故称一柱香（图 1-22）。

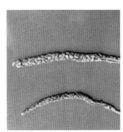

图 1-22　稻一柱香病穗

〔病原菌〕 稻一柱香菌（*Ephelis oryzae* H. Syd.），属半知菌亚门真菌。分生孢子座散生、黑色、浅杯形或突出，圆形，直径为 1 ~ 1.5 毫米，表面生分生孢子层；分生孢子梗分枝，无色，大小为（57~85）微米×（1~1.43）微米；分生孢子顶生，单或群生，无色针形，无隔，直或微弯，大小为（12~22）微米×（1~1.5）微米（图1-23）。菌丝生长适宜温度为28℃，低于8℃、高于34℃不能生长，孢子在18~30℃间可发芽，26℃为最适。孢子抗逆性强。

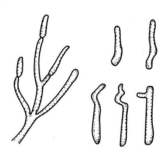

图1-23 稻一柱香病菌分生孢子梗及分生孢子

11. 水稻烂秧 [*Fusarium graminearum*，*Fusarium oxysporum*，*Rhizoctonia sloani*，*Drechslera oryzae*，*Achlya prolifera*，*Pythium oryzae*]

〔发生与危害〕 水稻烂秧是水稻育苗期间多种侵染性病害和生理性病害的总称。侵染性烂秧是指立枯病和绵腐病为害引起的死苗症状；生理性烂秧则指不良环境条件造成的烂种、烂芽、黑根、青枯和黄枯死苗等症状。南方早稻、北方稻区育苗期间常受低温和寒流天气袭击，烂秧病害每年发病率为10%~23%；可直接造成死苗，严重者死苗率高达70%以上。

〔症状识别〕 水稻烂秧可分为烂种、烂芽和死苗。

（1）烂种 指播种后不能萌发的种子或播后腐烂不发病（图1-24）。

（2）烂芽 指萌动发芽至转青期间芽、根死亡的现象，在我国各稻区均有发生，可分为传染性烂芽和生理性烂芽（图1-25）。

图 1-24　水稻烂种的常见症状

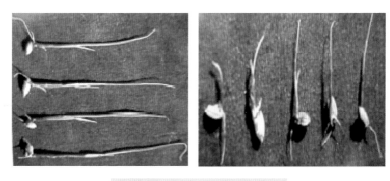

图 1-25　水稻烂芽的常见症状

1）传染性烂芽：常见的有以下 2 种。

① 绵腐型：低温高湿条件下易发病，发病初期在根、芽基部的颖壳破口外产生白色胶状物，逐渐长出棉毛状菌丝体，后变为土褐或绿褐色，幼芽黄褐枯死，俗称"水杨梅"。

② 立枯型：开始零星发生，后成簇、成片死亡，初期在根芽基部有水浸状浅褐色斑，随后长出棉毛状白色菌丝，也有的长出白色或浅粉红霉状物，幼芽基部缢缩，易拔断，幼根变褐腐烂。

2）生理性烂芽：常见的有以下6种。

① 淤籽：播种过深，芽鞘不能伸长而腐烂。

② 露籽：种子露于土表，根不能插入土中而萎蔫干枯。

③ 跷脚：种根不入土而上跷干枯。

④ 倒芽：只长芽不长根而浮于水面。

⑤ 钓鱼钩：根、芽生长不良，黄褐卷曲呈现鱼钩状。

⑥ 黑根：根芽受到毒害，呈"鸡爪状"种根和次生根发黑腐烂。

（3）死苗 指第1叶展开后的幼苗死亡，多发生于2~3叶期，分青枯型和黄枯型2种（图1-26）。

青枯型死苗，叶尖不吐水，心叶萎蔫呈筒状，下叶随后萎蔫筒卷，幼苗污绿色，枯死，俗称"卷心死"，病根色暗，根毛稀少。

〔发病原因〕

（1）侵染性烂秧 一类是水稻立枯病，由禾谷镰刀菌（*Fusarium graminearum* Schw）、尖孢镰刀菌（*Fusarium oxysporum* Schlecht）和立枯丝核菌（*Rhizoctonia sloani* Kühn）、稻德氏霉［*Drechslera oryzae*（Breda de Haan）Subram. et Jain］引起，均属半知菌亚门真菌。另一类是水稻绵腐病，由层出绵霉［*Achlya prolifera*（Nees）de Bary］和稻腐霉（*Pythium oryzae* Ito et Tokun）引起，均属鞭毛菌亚门真菌。其中 *Fusarium* sp. 菌丝初期为白色，老熟时为浅红色，锐角分枝；大型分生孢子为镰刀形，稍弯、两端尖，具有隔膜3~5个；小型分生孢子椭圆形，单胞无色或生有1个隔膜。*R. solani* 菌丝初期无色，老熟时为褐色，

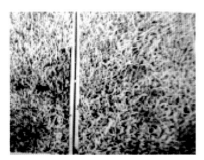

病苗及白色绵状菌丝

死苗塘

病苗基部与病菌

图1-26　水稻传染性烂秧和死苗

分枝处有缢缩，附近生有1个隔膜。*A. prolifera* 菌丝无隔膜，游动胞子囊管状具有两游现象。*P. oryzae* 菌丝无隔膜，游动孢子囊丝状或裂瓣状，游动孢子肾脏形，有鞭毛2根，有性态产生单卵球的卵孢子，雄器侧位（图1-27）。

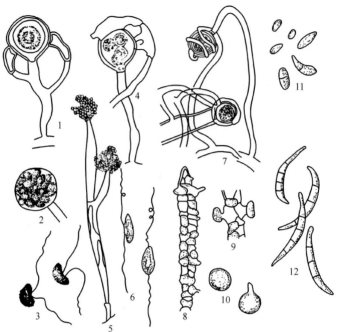

Pythium oryzae   *Achlya klebsiana*   *Dictychus anomalus*   *Fusarium* spp.

图1-27   常见的水稻传染性烂秧病原菌
1—藏卵器及雄器   2—孢子囊   3—游动孢子   4—藏卵器及雄器   5—孢子囊及游动
孢子溢出   6—游动孢子   7—藏卵器及雄器   8—孢子囊   9—游动孢子的溢出
10—休眠孢子及其发芽   11—小型分生孢子   12—大型分生孢子
注：该图引自参考文献［4］。

（2）生理性烂秧　在种子贮藏期受潮，或在浸种过程中，温度掌握不好，使种子受热或过冷造成的，或深水淹灌，幼芽缺氧窒息。生理性烂秧主要是因低温袭击，冷后暴晴和温差过大，造成水分供不应求时呈现急性的青枯，或长期低浊，根系吸收能力差，久之便造成黄枯。

★ **12. 条叶枯病**［*Cercospora oryzae*（*Sphaerulina oryzina*）］

【**发生与危害**】条叶枯病又称窄条斑病或褐条斑病。在我国大部分稻区都有发生，尤以长江中下游及华南各省的晚稻发生普遍；主要影响千粒重，一般减产5%～10%，重者可达30%。

〔症状识别〕 可侵害叶片、叶鞘、穗颈、谷粒等部位，以叶片症状常见。叶片多自下而上染病，叶面呈现与叶脉平行的短条斑，红褐色，长短不一，但以长0.5～1.0厘米的居多，叶鞘、穗颈、谷粒上的病斑与叶片的基本相同，呈红褐色至紫色宽为0.1～0.15厘米，严重时叶面病斑密布，数条条斑可连合成小斑块。后期病斑中部呈灰白色，导致叶片干枯。褐色短条状，但病斑多连合成小斑块。该病病征一般不明显，但潮湿时，斑面会呈现灰色薄霉层，可以此来鉴别。后期感病或发病严重时可感染穗茎和穗，粗看与稻穗颈瘟相似，应注意区别（图1-28）。

感病叶片　　　　　　　　感病穗茎

图1-28　条叶枯病常见症状

〔病原菌〕 无性阶段为半知菌亚门尾孢菌属（*Cerospora oryzae* Miyake），有性阶段归为子囊亚门多胞小球壳属（*Sphaerulina* spp.），但不常见。分生孢子梗单生或数枝丛生，不分枝，黄褐色，具2～5个隔膜，近顶端色较浅且屈曲；分生孢子圆筒形或倒棍棒状，具有2～6个分隔，无色至浅橄榄色（图1-29）。病菌发育的适宜温度为25～28℃。

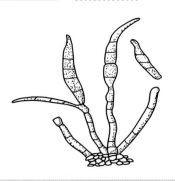

图1-29 条叶枯病病原菌孢子梗和分生孢子

★ **13. 叶尖枯病**（*Phoma oryzaecola*）

〔发生与危害〕 叶尖枯病又称叶尖白枯病，见于长江中下游和华南稻区。

〔症状识别〕 发病初期一般从叶尖或叶缘开始，病斑为墨绿色，病斑在初期为水渍状，后呈灰褐色和暗褐色相交互的波浪云纹。湿度高时叶片呈水渍状腐烂，波浪纹不明显，病斑表面可产生少量不明显的白色粉状物，后期产生褐色小点（子囊壳）。逐渐沿叶缘或叶部中央向下扩展，病斑为灰褐色，最后变成枯白色。发病后期，在叶缘一侧或两侧及叶中央形成长条状病斑，在病健交界处可见褐色条纹，病部碎裂成条，甚至全叶枯死。在田间，该病易与白叶枯病混淆，叶尖枯病病叶薄、脆、易破裂，而白叶枯病病叶无此特点（图1-30）。

图1-30 水稻叶尖枯病常见症状

【病原菌】半知菌亚门格氏霉属（*Phoma oryzaecola* Hara）。病菌分生孢子器散生于表皮下，以后外露，为球形或扁球形；分生孢子为短新月形，单胞或双胞无色。子囊孢子无色，长椭圆形，两端钝圆，一般 3~5 个细胞，分隔处稍溢缩。

14. 云形病（*Fusoma triseptatum*；*F. biseptatum* = *Metasphaeria albescens*）

【发生与危害】云形病又称叶尖干枯病、褐色叶枯病、叶灼病，在国内见于云南、江苏、浙江、福建、湖南、广西等稻区，国外则发生于东南亚稻区。20 世纪 70 年代初，因该病在广东发生日趋普遍才受到注意。早、晚稻皆可发生，但一般早稻比晚稻严重，且常以籼稻和杂交稻发病较重。

【症状识别】在分蘖末期开始发病，至开花灌浆阶段发病最重。发病一般从叶尖或叶缘开始，病斑墨绿色，初呈水渍状，后呈波浪形扩大，病斑中部为浅灰褐色，边缘为灰绿色，最后呈不规则同心轮纹状或波浪云斑。干燥时病部呈黄褐色至灰褐色，病健部界限分明。叶片枯死的部分常见波纹状褐色线条，与纵剖的杉木纹理酷似，为该病病状最典型的特征（图 1-31）。

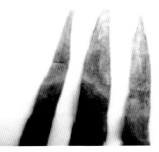

图 1-31　水稻云形病的感病叶片

【病原菌】 有性阶段为 *Metasphaeria albescens* Thüm，属于子囊菌亚门的白亚球腔菌；无性阶段为 *Rhynchosporium oryzae* Hashioka et Yokogi，归半知菌亚门的稻喙孢菌。子囊腔扁球形，黑褐色，具有圆形孔口；子囊孢子蠕虫形，无色，多胞，多数具有 3 个横隔，两端细胞较细。分生孢子梗无色，短而不明显；分生孢子为新月形或一端稍钝，单胞或双胞，大小为（2.7~3）微米 ×（9~10.5）微米（图 1-32）。

图 1-32 水稻云形病病原菌的子囊壳、子囊及子囊孢子

病菌生长的适宜温度为 20~25℃，产孢的适宜温度为 25℃，并需要 90% 以上的高湿条件。

★ 15. 叶黑粉（肿）病（*Entyloma oryzae*）

【发生与危害】 叶黑粉病又称叶黑肿病，在华中和华南稻区发生普遍。多发生于晚稻后期中下部衰老的叶片上，对产量影响不大，但局部为害杂交稻，影响稻株结实率和谷粒充实度。

【症状识别】 主要为害叶片，偶尔也侵害叶鞘及茎秆。在叶片上沿叶脉出现黑色短条状病斑，稍隆起，长 1~4 毫米，宽 0.2~0.5 毫米，线斑周围组织变黄；重病时叶片线斑密布，有的互相连合为小斑块，致叶片提早枯黄，甚至叶尖破裂成丝状（图 1-33）。发病多自植株下部开始，渐向上部叶片扩展。该病主要在水稻生育后期发生。

图1-33　稻叶黑粉病感病叶片

〔病原菌〕　稻叶黑粉菌 *Entyloma oryzae* Syd.，属担子菌亚门真菌。病菌冬孢子堆为黑色长方形，散生，有的为椭圆形或近圆形，埋生在寄主表皮下，大小为（0.5~4）毫米×（0.5~1.4）毫米。冬孢子近圆形至多角形，壁厚，暗褐色，大小为（7.5~12.5）微米×（7.5~10）微米（图1-34），萌发时生出短棍棒状无色的菌丝，顶生浅橄榄色棒状至纺锤形担孢子3~8个，担孢子再生次生小孢子，呈叉状排列，冬孢子萌发的温度为21~34℃，适宜温度为28~30℃。

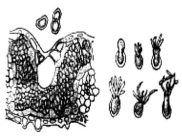

图1-34　稻叶黑粉病病原菌子囊及孢子

★ **16. 叶鞘腐败病** [*Sarocladium oryzae = Acrocylidrium oryzae*]

〔发生与危害〕　叶鞘腐败病又名鞘腐病。国外以东南亚稻区常见，在国内以长江流域及其以南稻区发生较多，尤以中稻及晚稻后期发生为重。杂交稻及其制种田发生普遍。发病时病株秕谷率增加，千粒重下降，严重时出现枯孕穗，减产可达 20% 以上。

〔**症状识别**〕常发生于水稻孕穗期剑叶叶鞘。剑叶叶鞘初期出现暗褐色小斑，边缘较模糊，多个病斑可连合成云纹状斑块，有时斑外围出现黄褐色晕圈。严重时，病斑扩大到叶鞘大部分，包在鞘内的幼穗部分或全部枯死，成为"死胎"枯孕穗；稍轻的则呈"包颈"半抽穗。潮湿时斑面上呈现薄层粉霉，剥开剑叶叶鞘，则见其内长有菌丝体及粉霉，均为该病病征（图 1-35）。

图 1-35 叶鞘腐败病常见症状

该病症状易同纹枯病混淆，但不同之处在于：纹枯病病斑边缘清晰，且病部不限于剑叶叶鞘，病征主要为菌丝体纠结形成的馒头状菌核。

〔**病原菌**〕病原为 *Sarocladium oryzae*，*Acrocylidrium oryzae*，*S. Attenuatum*，属于半知菌亚门帚枝霉属。分生孢子梗有 1 ~ 2 次分枝，分枝处具有 3 ~ 4 个轮枝，分生孢子着生于轮枝顶端，无色、单胞、圆柱形（图 1-36）。

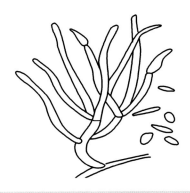

图1-36　叶鞘腐败病病原菌分生孢子梗及分生孢子

★ 17. 叶鞘网斑病（*Cylindrocladium scoparium*）

〖发生与危害〗　水稻叶鞘网斑病在我国南方稻区早稻最为多见，一般零星发生，但个别年份和个别地区发生严重，如1982年江西省上饶县数万亩（1亩≈666.7米²）早稻网斑病发生严重，造成较大损失。

〖症状识别〗　主要为害稻株下部接近水面的叶鞘，病斑呈椭圆形或纺锤形，稍隆起，长径为1～3厘米，宽径为0.5～1.0厘米，斑面出现褐色纵横交错的网格状斑纹，病斑表面长稀疏白霉，此即该病的病菌分生孢子梗及分生孢子。被害叶鞘局部坏死，其叶片逐渐褪黄终致枯死。严重时病害可扩展到谷粒（图1-37）。

〖病原菌〗　柱枝双孢霉（*Cylindrocladium scoparium* Morgan et Aoyaqi），属于半知菌亚门真菌。病菌分生孢子梗无色，有2～3个回叉状或轮状分枝小梗，其上着生分生孢子。分生孢子无色，圆筒形，有1个隔膜，大小为（49～76）微米×（3～5）微米（图1-38）。病菌生长温度为5～35℃，最适温度为25～35℃。该病除为害水稻外，还可为害大麦和荞麦。

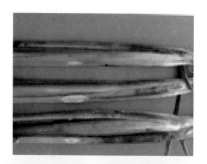

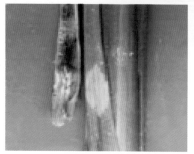

图1-37　叶鞘网斑病病株基部（上）、病叶鞘内外（左）和病谷粒（右）

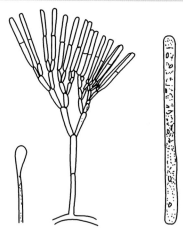

分生孢子梗及着生的分生孢子　单个分生孢子

图1-38　叶鞘网斑病病原菌

注：该图引自参考文献［4］。

★ 18. 霜霉病（*Sclerophthora macrospora var. oryzae*）

〔发生与危害〕　霜霉病又称黄化萎缩病，在南方和东北稻区均有发生。

〔症状识别〕　秧田期症状出现，分蘖盛期症状显著。病株矮缩，叶色浅绿；叶上生有黄白色的小点，圆形或椭圆形，常连成线状；孕穗后病株显著矮缩，株高不到健株的1/2。叶片短而肥厚，心叶为黄白色，有时弯曲或扭曲，不易抽出，下部叶片逐渐枯死（图1-39）。叶鞘受害后略显膨松，表面有不规则的波纹，有时产生皱褶或扭曲。病株分蘖减少，一株感病则其余分蘖都感病。穗畸形，不能正常抽出，穗小而不实，有时小穗退化为叶状。

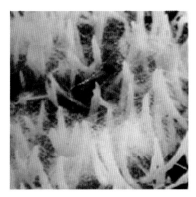

图1-39　秧苗期（左）、成株期（右）霜霉病症状

〔病原菌〕　为大孢指疫霉水稻变种 *Sclerophthora macrospora*（Saccardo）Thirumalachar，Shaw & Narasimhan *var. oryzae* Zhang & Liu，属于鞭毛菌亚门真菌。藏卵器为球形，浅黄褐色，大小为（65～95）微米×（64～78）微米。雄器有1～4个，侧生，大小为（45～75）微米×（7.5～10）微米。卵孢子初期为无色，后变为黄褐色，卵圆形，大小为（51～75）微米×（51～75）微

米。孢子囊呈柠檬形，无色，单生于孢囊梗顶端，孢囊梗单根从气孔伸出，其上有分枝，孢子囊内含多个游动孢子，游动孢子为椭圆形，双鞭毛，静止后呈球形。

★ **19. 苗疫霉病**（*Phytophthora fragariae var. oryzae-bladis*）

〔**发生与危害**〕 在南方稻区局部地区有发生。

〔**症状识别**〕 主要为害早、中稻秧苗。在叶片上形成灰绿色水渍状不规则条斑，而后条斑中部变成灰褐色，边缘为褐色。病害急剧发展时条斑相互连合，以致叶片纵卷或弯折。多数情况下只造成秧苗中、下部叶片局部枯死，严重时全叶或整株死亡，特别是3叶前后期常见死苗（图1-40）。将病苗移栽至大田，病害还会继续发展并有零星死苗。随着气温上升，病害明显受到抑制，到分蘖盛期就很少发生。

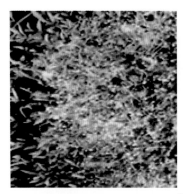

图1-40 水稻苗疫霉病感病秧苗（左）、成株期感病叶片（右）

〔**病原菌**〕 *Phytophthora fagarzae var. oryzae-bladis* Wang et al。病斑上的霉层即病菌从寄主叶片气孔伸出的丝状孢囊梗。孢囊梗一般2~5根，单生，偶有1~2回单轴分枝，孢子囊顶生，多数为长椭圆形，也有的为倒梨形，顶部钝圆或稍尖。在自然情况下，病菌的孢子囊在阴湿天气或清晨可大量形成。将有灰绿色病斑的叶片采回放入水中或塑料袋中保湿过夜，也能产生大量孢子囊。卵孢子为圆形，黄色，厚壁。

★ **20. 紫秆病**（*Acrocylindrium oryzae*，*Steneotarsonemus spinki*）

【发生与危害】 紫秆病又称褐鞘病、紫鞘病、锈秆黄叶病；在广东湛江、茂名俗称"黑骨"，在台湾称为"水稻不捻症"。该病于1971年首次发现并报道，此后广西、台湾、福建、江苏、湖南、浙江、湖北及江西等省（区）相继有报道。在国外，菲律宾、印度等国家在1977年也有该病发生为害的报道。该病导致稻穗结实率和千粒重明显下降，一般可减产10%~20%，甚者可达40%~50%及以上。

【症状识别】 主要为害叶鞘，尤其是剑叶叶鞘和剑叶下叶鞘，致剑叶变黄、叶鞘变为褐色，结实率和千粒重明显降低。田间褐鞘大都始见于稻株抽穗后稻穗灌浆勾头之时，初期出现烟灰色散生、针头状的小褐点，随着小褐点数目的增加，色泽加深，叶鞘隐约可见边缘模糊不清的暗斑，终至叶鞘大部分甚至全部变褐，呈典型的"褐鞘""紫鞘"和"黑骨"病状（图1-41）。褐鞘斑面不表现病征，但剥开可见其内壁变褐，表面散布着疏密不等的"粉尘状物"。

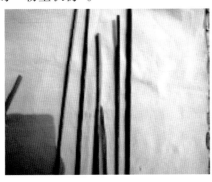

图1-41 稻紫秆病感病茎秆（左）和田间症状（右）

用放大镜或双目镜检视，可见此等粉尘状物实为螨类。褐鞘严重的田块，常出现稻穗不勾头或半勾头，穗粒不实或半实，有的穗颈明显扭曲，这正是台湾所说的"不捻症"。

〔病原菌〕 该病的病原在国内认识尚不一致，存在着"菌害"和"螨害"的争论。"菌害"说又有两种，一种认为褐鞘症为叶鞘腐败病的另一典型症状表现，其病原为叶鞘腐败病菌（*Acrocylindrium oryzae*）；另一种则认为病原菌应为帚梗柱孢属（*Sarocladium spp.*）。"螨害"说认为华南稻区的褐鞘是斯氏狭跗线螨（*Steneotarsonemus spinki* Smiley）潜藏叶鞘内壁吸食为害并分泌某种毒素所致；此害螨，台湾称其为"稻细螨"。成螨雌雄异型，足4对，幼螨足3对。雌成螨体为椭圆形，长0.23毫米，宽0.08毫米，第4对足特化为线状，体前部有1对榄核形假眼；雄成螨体为椭圆形，长0.16毫米，宽0.083毫米，第4对足特化为钳状（图1-42）。卵为浅黄绿色，长0.12毫米，宽0.08毫米，散产于叶鞘内壁上。

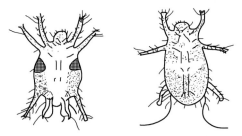

图1-42 引起叶鞘紫秆病的斯氏狭跗线螨雄（左）、雌成螨（右）

★ **21. 窄条斑病**（*Cercospora oryzae*，*C. janseana*）

〔发生与危害〕 窄条斑病又名稻条叶枯病、褐条斑病、窄斑病，在全国各稻区均有发生，一般危害不大。

〔症状识别〕 注意与细菌性条斑病区别。叶片染病，初期有褐色小点，后沿叶脉向两边扩展，四周变为红褐色或紫褐色、中央为灰褐色的短细线条状斑（图1-43）。抗病品种的病斑线条短，病斑窄，色深。发病严重时，病斑连成长条斑，导致叶片早枯。叶鞘染病多从基部出现细条斑，后发展为紫褐色斑块，严重时可致全部叶鞘变紫，其上部叶片枯死。穗颈和枝梗染病，初期有暗色至褐色小点，略显紫色，发病严重使穗颈枯死，穗颈受害，常使穗颈节上、下部都变为褐色，严重时枯死，甚至穗头折断倒挂，易被误认为稻瘟。其与稻瘟的主要区别为该病穗部的病斑甚长，偏紫色，两端尚可隐约见到细条斑。谷粒受害多发生于护颖或谷粒表面，呈褐色小条斑。

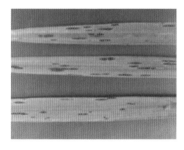

图1-43　水稻窄条斑病感病叶片

〔病原菌〕　无性态为稻尾孢（*Cercospora oryzae* Miyake = C. *janseana* Miyake），属于半知菌亚门真菌；有性态为*Sphaerulina oryzae* Hara，称稻亚球壳，属于子囊菌亚门真菌。分生孢子梗单生，或3~5根成簇，有数个分隔，大小为（34.3~58.8）微米×（4.3~4.8）微米，顶生分生孢子，分生孢子为浅橄榄色或无色，短鞭状，多有分隔3~4个，大小为（25.7~34.3）微米×（4.3~5.2）微米。

二、水稻细菌性病害　>>>>

　　水稻细菌性病害是由病原细菌侵染而引起的水稻病害，常见有以下6种。

★ **22. 白叶枯病**（*Xanthomonas campestris pv. Oryzae*）

〔**发生与危害**〕 白叶枯病又称白叶瘟、茅草瘟、地火烧，是我国发生最重的细菌性水稻病害。最早于 1884 年在日本被发现，目前已见于除南极洲以外的各大洲，但以我国、日本和印度发生较重。1950 年在我国南京郊区首先发现该病，目前除新疆外的其他各省（市、自治区）均有发生，以华南、华中和华东稻区发生普遍，华南沿海危害严重。水稻受害后，叶片干枯，瘪谷增多，米质松脆，千粒重降低，一般减产 20%～30%，重者可达 50%～60%，甚至颗粒无收。一般籼稻重于粳稻，晚稻重于早稻。沿海、沿湖和低洼易涝区发病频繁。

〔**症状识别**〕 主要为害水稻叶片和叶鞘，病斑常从叶尖和叶缘开始，后沿叶缘两侧或中脉发展成波纹状长条斑，病斑为黄白色，病健部分界线明显，后病斑转为灰白色，向内卷曲，远望呈一片枯槁色，故名白叶枯病（图 1-44）。空气潮湿时，病叶新鲜病斑上及病斑的叶缘上分泌出水珠或蜜黄色菌胶，干枯后结成硬粒，即菌脓或菌珠，易脱落。白叶枯病症状常见以下类型。

图 1-44 白叶枯病田间症状（左）和不同水稻品种症状对比（右）

（1）**叶枯型** 是最常见的白叶枯病症状（图 1-45），一般在分蘖期后较明显。发病多从叶尖或叶缘开始，初期出现黄绿色或暗绿色斑点，后沿叶脉迅速向下纵横扩展成条斑，可达叶片基部和整个叶片。病健部交界明显，呈波纹状（粳稻品种）或直线状（籼稻品种）。病斑为黄色或略带红褐色，最后变成灰白色（多见于籼稻）或黄白色（多见于粳稻），病斑长度与病原菌致病性强弱、品种抗病性及感病后气候条件的变化有关。湿度大时，病部易见蜜黄色珠状菌脓。

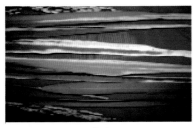

病叶　　　　　　　　　　不同级别的病叶

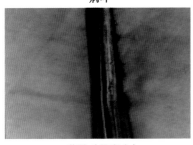

菌脓（湿度小）　　　　　　　菌脓（湿度大）

图1-45　叶枯型白叶枯病的常见症状

（2）急性型　是病害急剧发展期出现的症状。叶片病斑为暗绿色，扩展迅速，几天内可使全叶呈青灰色或灰绿色，呈开水烫伤状，随即纵卷青枯，病部有蜜黄色珠状菌脓。

（3）凋萎型　多在秧田后期至拔节期发生。病株心叶或心叶下1~2叶先失水、青卷，尔后枯萎，随后其他叶片相继青枯。病轻时仅1~2个分蘖青枯死亡，病重时整株整丛枯死（图1-46）。折断病株的茎基部并用手挤压，可见有大量黄色菌液溢出。剥开刚刚青枯的心叶，也常见叶面有珠状黄色菌脓。

图 1-46　凋萎型白叶枯病

（4）黄叶（化）型　病株的新出叶均匀褪绿或呈黄色或黄绿色宽条斑，而老叶颜色正常。之后，病株生长受到抑制。在病株茎基部及紧接病叶下面的节间有大量病原细菌存在，而在显症病叶上无病原细菌。

【病原菌】　病原菌为薄壁菌门黄单胞菌属稻黄单胞杆菌白叶枯病致病变种细菌（*Xanthomonas campestris* pv. *oryzae*）。菌体为短杆状，鞭毛单根极生，革兰氏染色反应为阴性（图 1-47）。菌落蜜黄色，黏性。切取病健交界叶片组织 3 毫米 × 3 毫米，置显微镜暗视野下可观察到喷菌现象。

该菌属好气性，呼吸型代谢细菌；最适合的生长碳源为蔗糖、氮源为谷氨酸。发育适宜温度为 5～40℃，最适温度为 25～32℃；无胶膜细菌致死温度为 53℃（10分钟），有胶膜为 57℃（10 分

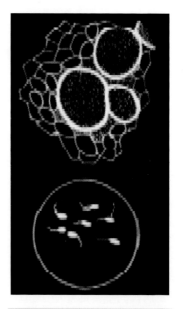

图 1-47　白叶枯病病原细菌

钟）。病菌可在 pH 4～8 时生长，但以 pH 6.5～7.0 较适合。

病菌可分泌一种多糖毒素，具有较强的致萎力，水稻凋萎主要是强毒菌株分泌多糖体化合物堵塞和破坏输导组织所致。

不同菌株存在较大的致病力差异；不同国家菌株的致病力不同，同一个国家不同地区菌株的致病力也不一样。我国白叶枯病菌株可分为 7 个致病型，其中北方粳稻稻区菌株多属致病型 I 型和 II 型，长江流域籼粳混栽区多为 II 型和 IV 型，华南籼稻区则以 IV 型菌最多。但近年来在广东、广西和海南稻区，白叶枯病优势菌系 IV 型菌比例下降，强毒性 V 型和 IX 型菌上升。

★ 23. 细菌性条斑病（*Xanthomonas oryzae pv. oryxicola*）

〔发生与危害〕 细菌性条斑病简称细条病，为我国植物病害检疫对象之一。我国最早在华南发现，后华中和华东局部地区也有发生。目前在长江流域的大部分稻区都偶有发生。但该病是一种喜热病害，主要在华南一带发生比较普遍。水稻发病后，造成叶枯，一般减产 15%～25%，严重时可达 40%～60%。

〔症状识别〕 主要为害叶片（图 1-48）。病斑初为沿叶脉扩展的暗绿色或黄褐色纤细条纹，宽 0.5～1.0 毫米，长 3.0～5.0 毫米，后病斑增多并连合成不规则形或长条状枯白色条斑，对光观察，病斑为许多半透明的小条斑连合而成，病部产生较多细小的深蜜黄色菌脓。严重感病的稻田，远望呈一片金黄色，菌脓干燥后不易脱落。病斑可以在叶面的任何部位发生。发病严重时，稻株矮缩，叶片卷曲。应注意与白叶枯病的区别（表 1-1）。

表 1-1　水稻细菌性条斑病和白叶枯病症状的比较

病害描述	水稻白叶枯病	水稻细菌性条斑病
发病部位	从叶尖或叶缘开始	任何部位
病斑形状	条斑	纤细条斑
病斑大小	条斑长可达叶基，宽达整个叶片	(3.0～5.0) 毫米 × (0.5～1.0) 毫米

（续）

病害描述	水稻白叶枯病	水稻细菌性条斑病
病斑颜色	灰白色（籼稻）、黄白色（粳稻）	黄褐色至枯白色
迎光透视病斑	不透明	半透明
菌脓颜色、形态	蜜黄色、珠状、深	蜜黄色、露珠状
菌脓大小	较大	较小
菌脓数量	较少	较多

大田症状   大田病叶

感病稻株   菌脓

图 1-48　白叶枯病常见症状

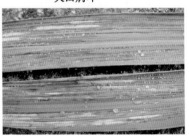

【病原菌】病原菌为黄单胞杆菌属的稻生黄单胞菌条斑致病变种［*Xanthomonas oryzae* pv. *oryzicola*（Fang, Ren, Chu, Faan, Wu）Swings］。菌体单生，短杆状，大小为（1~2）微米×（0.3~0.5）微米，极生鞭毛 1 根，革兰氏染色呈阴性，不形成芽孢、

荚膜（图 1-49）。

在肉汁胨琼脂培养基上，菌落为圆形，周边整齐，中部稍隆起，蜜黄色。生理生化反应与白叶枯菌相似，不同之处在于该菌能使明胶液化，使牛乳胨化，使阿拉伯糖产酸，对青霉素、葡萄糖反应钝感。该菌生长适宜温度为 28～30℃，与水稻白叶枯病菌的致病性和表现性状

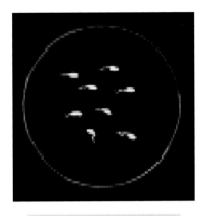

图 1-49　细条病病原细菌

虽有很大不同，但其遗传性及生理生化性状有很大相似性，有人认为该菌应作为稻白叶枯病菌种内的一个变种。

★ **24. 细菌性基腐病** [*Erwinia chrysanthemi* pv. *zeae*]

【发生与危害】 细菌性基腐病分布于长江中下游和华南稻区，局部发生严重。

【症状识别】 主要为害水稻根节部和茎基部（图 1-50）。水稻分蘖期发病，常在近土表茎基部叶鞘上产生水浸状椭圆形斑，渐扩展为边缘呈褐色、中间为枯白的不规则形大斑，剥去叶鞘可见根节部变黑褐，有时可见深褐色纵条，根节腐烂，伴有恶臭，植株心叶青枯变黄；拔节期发病，叶片自下而上变黄，近水面叶鞘边缘为褐色、中间为灰色的长条形斑，根节变色伴有恶臭；穗期发病，病株先失水青枯，后形成枯孕穗、白穗或半白穗，根节变色有短而少的侧生根，有恶臭味。其独特症状是病株根节变为褐色或深褐色腐烂，有别于细菌性褐条病心腐型、白叶枯病急性凋萎型及螟害枯心苗等。

该病常与小球菌核病、恶苗病、还原性物质中毒等同时发

秧田苗期症状   大田穗期症状

感病植株基部   穗期病株与健株   秧苗期病株与健株

图1-50 水稻细菌性基腐病常见症状

生；也有的在基腐病株枯死后，恶苗病菌、小球菌核病菌等腐生其上。该病主要通过水稻根部和茎基部的伤口侵入。

〔病原菌〕病原菌为欧氏杆菌属细菌的菊欧文氏菌玉米致病变种〔*Erwinia chrysanthemi* pv. *zeae*（Sabet）Victria，Arboleda et Munoz.〕。细菌单生，短杆状，两端钝圆，大小为（2.6～3.0）微米×（0.6～0.8）微米，鞭毛周生，无芽孢和荚膜，革兰氏染色阴性。在牛肉浸膏蛋白胨琼脂培养基上，菌落呈变形虫状，初期为乳白色，后变为土黄色，无光泽。厌气生长，不耐盐，能使多种糖产酸，使明胶液化，产生吲哚，对红霉素敏感，产生抑制圈。

★ **25. 细菌性褐条病**〔*Pseudomona syringae* pv. *panici*〕

〔发生与危害〕细菌性褐条病又称细菌性心腐病，在我国广东、广西、福建、湖南、湖北、浙江、江苏、江西、四川和台湾等地均有发生。早、中稻秧田期发生普遍，临近水边和地势低洼处等易受涝、过水受淹区域，水稻成株期也发病严重。一般可减产10%～30%，严重时会绝收。

【症状识别】　水稻苗期至穗期都可受害（图1-51）。苗期染病，常在心叶下一叶显症，近叶枕处最先出现水渍状黄褐色小斑，其后沿中脉向上、下扩展，在叶片和叶鞘上形成黄褐色至深褐色长条斑；病斑长度可与叶片等长，边缘清晰；叶鞘上病斑会扩散，遍布叶鞘。最终病叶枯黄凋萎，植株矮小，严重时整株枯死。

细菌性褐条病　　　　　　　　　　　细菌性褐条病

细菌性褐条病

图1-51　水稻细菌性褐条病常见症状

成株期染病，先在叶片基部中脉发病，初期为水浸状黄白色，后沿叶脉扩展上达叶尖，下至叶鞘基部形成黄褐至深褐色的长条斑，病组织质脆易折，后全叶卷曲枯死；叶鞘染病呈不规则斑块，后变为黄褐色，最后全部腐烂，叶片枯死；心叶发病不能抽出，死于心苞内。病株一般高于健株，无效分蘖多；病穗的穗颈伸长，小枝梗为浅褐色，弯曲畸形，谷粒变褐不实。发病组织用手挤压均有乳白色至浅黄色、带有恶臭味的菌液流出，田间发病组织表面也可观察到乳白色的菌脓溢出。

【病原菌】 一种认为是燕麦食酸菌燕麦亚种［*Acidovorax avenae* subsp. *Avenae*（Manns）Willems］，异名为 *Pseudomonas avenae* Manns，但其发病组织没有恶臭气味，与细菌性褐条病病症不同。另一种认为是丁香假单胞菌黍致病变种［*Pseudomonas syringae* pv. *panici*（Elliott）Young et al.］，其发病的水稻组织具有恶臭味，与细菌性褐条病病症吻合。该菌为单细胞短杆状菌，两端钝圆，菌体大小为（0.5~0.8）微米×（1.5~2.5）微米，无芽孢和荚膜，极生鞭毛 1~3 根，革兰氏染色阴性。在琼脂培养基上，菌落为圆形，隆起，边缘整齐，乳白色，半透明，表面光滑，有荧光。除侵染水稻外，该病原菌还侵染大麦、燕麦、黍等谷物。

★ **26. 细菌性褐斑病** *Pseudomonas syringae* pv. *syringae*

【发生与危害】 细菌性褐斑病又称细菌性鞘腐病。我国在 20 世纪 60 年代初期首次报道了浙江和黑龙江省发生该病，后又见于辽宁、吉林。一般可减产 5%，但抽穗前叶鞘发病重会致孕穗失败，可造成更大的产量损失。

【症状识别】 可为害水稻各部位，包括叶片、叶鞘、茎、节、穗、枝梗和谷粒（图 1-52）。叶片染病，初期为褐色水浸状小斑，后扩大为纺锤形或不规则赤褐色条斑，边缘出现黄晕，病斑中心为灰褐色，病斑常融合成大条斑，使叶片局部坏死，不见菌脓；剑叶发病严重时会导致不抽穗。叶鞘受害，多发生在幼穗抽出前的穗苞，初期出现短条状、赤褐色病斑，后融合成不规则水渍状大斑；后期大斑中央为灰褐色，组织坏死；剥开叶鞘，茎上有黑褐色条斑；剑叶叶鞘发病会导致不抽穗或抽穗不孕。穗轴、颖壳等穗部受害，产生近圆形褐色小斑，严重时整个颖壳变褐，并深入米粒，米粒表面出现黑色斑点。切开病粒、镜检，切口处有大量菌脓溢出。

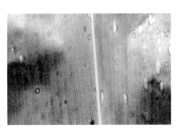

图1-52　水稻细菌性褐斑病常见症状

〔病原菌〕　丁香假单胞菌丁香致病变种（*Pseudomonas syrin-gae* pv. *syringae* Van Holl）。菌体为杆状，单生，大小为（1～3）微米×（0.8～1.0）微米，极生鞭毛2～4根。在肉汁胨平板培养基上，菌落为白色，圆形，表面光滑，后呈环状轮纹。

★ **27. 细菌性穗（谷）枯病（*Burkholderia glumae*）**

〔发生与危害〕　细菌性穗枯病又称细菌性谷枯病，是一种经种子传播的细菌性病害。1980年，该病仅在亚洲的2个国家发生，2012年则有包括亚洲、非洲、北美和南美洲的17个国家报道该病发生甚至暴发流行，其中美国发病尤重。受害稻穗的病谷粒一般为10～20粒，一般造成15%～20%的减产，发病早而重的稻穗呈直立状而不易弯曲，发病谷粒大多数不饱满或不结实；发病重的50%以上谷粒枯死，美国最严重的减产达到80%，亚洲国家最高减产也达75%。

〔症状识别〕　水稻苗期至穗期均可为害。苗期发病可引起

育秧棚内秧苗腐烂，抽穗期侵入则导致谷粒腐坏（图1-53）。在

受害秧苗

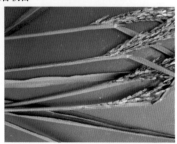

受害叶鞘和稻穗

籼粳杂交稻受害稻穗　　　　　大田期受害状

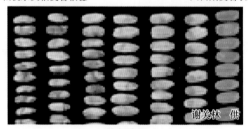

受害稻米

图1-53　水稻细菌性穗枯病常见症状

日本，南部多发生在谷粒上，造成大米损失，而北部因机插水稻育秧造成穗枯病的大流行。本田期孕穗中前期一般不显穗枯病的症状。孕穗后期剑叶叶鞘上出现褐色条斑状病斑，此为典型较重症状；发病轻时只在叶鞘内可见病斑。谷粒感染后，初显似缺水状萎凋的苍白色，渐渐变为灰白色或浅黄褐色，内外颖尖端或基部呈紫褐色，护颖呈暗紫褐色。与真菌性谷枯病的最大差别是穗轴和枝梗均为正常绿色，不会枯萎。病谷的米粒大多萎缩且畸形，其中一部分或全部变为灰白色、黄褐色或深褐色，病健部交界清晰，病部多呈褐色或深褐色带状。可以用"杆青、叶绿、穗腐、谷枯"简单概括其病状。

〔病原菌〕原为水稻细菌颖谷病假单胞菌（*Pseudomounas glumae* kurita et Tabei），后改为颖壳伯克氏细菌 *Burkholderia glumae*。革兰氏染色阴性，菌体为短杆状，极生鞭毛 2 ~ 4 根，有荚膜，无芽孢，大小为（1.5 ~ 2.5）微米×（0.5 ~ 0.7）微米，氧化酶活性为阳性，不能利用鼠李糖产酸。在 PDA 培养基上，菌落小，黄乳白色，能利用木糖、阿拉伯糖、葡萄糖、果糖、甘油等产酸而不产气，能利用牛乳凝固并消化。明胶液化，不产生吲哚及硫化氢，但产生氨气，不还原硝酸盐。生长温度为 11 ~ 40℃，最适温度为30 ~ 35℃。

三、水稻病毒类病害 >>>>

水稻病毒类病害是由病毒引起的水稻病害，通常表现为植株矮化，俗称"矮稻"。病毒一般由飞虱、叶蝉等媒介昆虫传播，我国常见的有 9 种，其中条纹叶枯病、黑条矮缩病和南方黑条矮缩病是近年来发生最广、危害最重的水稻病毒病，对水稻生产构成严重威胁。其典型识别特征是植株矮化，水稻早期感染可致稻苗枯死，常造成田间缺苗（图1-54）。

图1-54 水稻病毒病引起的田间缺苗和矮化株

★ **28. 条纹叶枯病**（Rice stripe virus，RSV）

【发生与危害】 我国于 1963 年始见于江苏南部，随后在江浙一带流行，目前已扩散到 18 个省的广大稻区，尤其在江苏、浙江、安徽、山东、河南和云南等地粳稻田更为普遍，严重影响水稻生产。以江苏省为例，该病于 1998 年开始流行，2004 年发病面积达到全省水稻种植面积的 79%，水稻成片绝收。2005 年以来江苏开始推广抗病水稻品种和推迟水稻播种期，该病逐渐回落。一般可减产 3%~5%，重发时减产 20%，甚至绝收。

【症状识别】 典型症状是形成褪绿的条纹斑点或斑块，一般最早出现在幼嫩心叶，但实际显症受多种因素影响。不同生育期发病，症状有所不同。苗期发病，先在心叶基部出现黄白斑，后病斑向上扩展，形成黄绿相间、与叶脉平行的条纹，心叶细弱扭曲，呈纸捻状，弯曲下垂。分蘖期发病一般在心叶下一叶基部出现褐绿黄斑，后扩大成不规则黄条斑。拔节后发病，仅在上部叶片或心叶基部出现褪绿黄白斑，后扩大成不规则条斑（图1-55）。

图1-55　条纹叶枯病大田前期（左）和后期（右）受害状

一般苗期发病多不抽穗，分蘖期发病多为枯孕穗或穗小而畸形，拔节期发病可结实，但也有枯孕穗和畸形穗。高秆品种发病后心叶细长而卷曲成纸捻状，弯曲下垂而成"假枯心"；矮秆品种发病后心叶展开仍较正常。

【病原】　病原为水稻条纹病毒（Rice stripe virus，RSV），属纤细病毒属的代表种，主要经由灰飞虱以持久方式经卵传播，且能连续传毒或间歇性传毒，雌雄成虫和若虫均可传毒，3~5龄若虫和初羽化雌成虫传毒力强；越冬后个体传毒能力下降。该病毒除水稻外，还可侵染大麦、小麦、玉米，以及看麦娘、早熟禾、狗尾草、稗草等80多种禾本科作物或杂草。

⭐ **29. 黑条矮缩病**（Rice black-streaked dwarf virus，RBSDV）

【发生与危害】　我国最早于1963年在浙江、江苏和上海一带发现，1965~1967年间发生较重；之后迅速下降，20世纪70~80年代仅零星或局部发生；1990年开始回升，近年来在浙江、上海、江苏、安徽等地广泛流行，是水稻的主要病害。一般发病田产量损失10%~40%，重病田绝收。

【症状识别】　主要症状表现为分蘖增加，叶片短阔、僵直，叶色深绿，叶背的叶脉和茎秆上初期出现蜡白色短条瘤状隆起，后变为褐色,不抽穗或穗小,结实不良。不同生育期染病后的症状有所不同,感病时植株越小,感病越厉害。苗期发病,心叶生长缓慢,叶片短宽、僵直、浓绿,叶脉有不规则瘤状突起;根短小,植株矮小,不抽穗,常提早枯死。分蘖期发病,植株明显矮缩(为正常株的1/2);新生分蘖先显症,主茎和早期分蘖尚能抽出短小病穗,但病穗缩藏于叶鞘内。拔节期发病,植株矮缩不明显;剑叶短阔,穗颈短缩,结实率低,叶背和茎秆上有短条状瘤突(图1-56)。

黑条矮缩病田间症状　　　　　　黑条矮缩病感病叶片

黑条矮缩病高位分蘖、倒生根

图1-56　黑条矮缩病常见症状

〔病原〕 病原为水稻黑条矮缩病毒(Rice black- streaked dwarf virus,RBSDV),属呼肠弧病毒科斐济病毒属(*Fijivirus*),

主要由灰飞虱以持久性方式传毒，白背飞虱、白带飞虱等也能传毒，但传毒效率较低；不能通过摩擦汁液传播。介体灰飞虱一经染毒，终身带毒，可连续或间歇传毒。该病毒还自然侵染大麦、小麦、玉米和多种禾本科杂草。

30. 南方水稻黑条矮缩病（Southern rice black- streaked dwarf virus，SRBSDV）

【发生与危害】　2001 年在我国广东首次发现的一种新病害，2010 年南方水稻黑条矮缩病命名被确认。2009 年该病在湖南、江西、广东、广西、海南、浙江、福建、湖北和安徽 9 个水稻主产省（自治区）暴发，受害面积约 33 万公顷，部分田块绝收；2010 年扩大到 13 个省（区），发生面积超过 120 万公顷。2012 年以来发生面积有所回落。该病通常造成水稻减产约 20%，严重时田块高达 50% 以上植株发病，甚至绝收。

【危害症状】　水稻各生育期均可感染南方水稻黑条矮缩病，但主要为害分蘖以前的稻苗（秧苗期和大田初期），2 ~ 6 叶期水稻最易感病，病症与黑条矮缩病十分相似，同样因感染时期而异（图 1-57）。秧苗期感病，稻株严重矮缩（约正常株高的 1/3 以下），叶片僵硬直立，不能拔节，根系发育不良，重病株早枯死亡。分蘖初期染病，稻株明显矮缩（约为正常株高的 1/2），不抽穗或仅抽包颈穗，部分早枯死亡；分蘖后期和拔节期不易感病，且病稻矮缩不明显，能抽穗，但穗小、不实粒多、粒重轻。

发病稻株叶色深绿，叶片短小僵直，上部叶片可见凹凸不平的皱褶或扭曲。拔节期病株地上数节节部有气生须根及高节位分枝。圆秆后的病株茎秆表面可见直径为 1 ~ 2 毫米的瘤状突起（手摸有明显粗糙感），呈蜡点状纵向排列；病瘤初期为乳白色，后为黑褐色；病瘤产生的节位因感病时期不同而异，早期感病稻

南方黑条造成的田间缺苗

南方黑条矮缩株

南方黑条感病叶扭曲

图1-57 南方水稻黑条矮缩病常见症状

株的病瘤产生在下位节，感病时期越晚，病瘤产生的部位越高；部分品种叶鞘及叶背也产生类似小瘤突。感病植株根系不发达，须根少而短，严重时呈黄褐色。发病植株易受其他真菌或细菌病害侵染。

〔病原〕 病原为呼肠孤病毒科（Reoviridae）斐济病毒属（*Fijivirus*）南方水稻黑条矮缩病毒（Southern rice black-streaked dwarf virus，SRBSDV）。由白背飞虱以持久性方式传播，若虫及成虫均能传毒，若虫的传毒效率高于成虫，而灰飞虱、褐飞虱、叶蝉及水稻种子均不能传毒。SRBSDV还可自然侵染玉米、高粱、野燕麦、薏米、稗草、牛筋草和白草等禾本科植物。

★ **31. 普通矮缩病**（Rice dwarf virus，RDV）

〔发生与危害〕 普通矮缩病又称矮缩病、普矮、青矮等。我国自20世纪60年代推广种植矮秆品种以来，在长江及以南稻区常发生，双季稻区晚稻较重。江浙一带于 1969～1973 年曾严重发生，近年显著减轻；云南由于地理条件复杂，病情在不同地区和年份有起伏，局部性发生不断；湖南、江西、福建、广东等地目前仍有发生。暴发流行时，可导致 30%～50% 的产量损失，甚至颗粒无收。

〔症状识别〕　病株矮缩僵硬，严重矮化，色泽浓绿，分蘖增多。发病初期，新叶叶脉发生黄绿色或黄白色小点，小点沿叶脉形成虚线状条斑。苗期至分蘖期为稻株易感病期，水稻幼苗期受侵染的，分蘖少，移栽后多枯死；分蘖前发病的不能抽穗结实；分蘖后期发病的虽能抽穗，但结实率低，瘪谷多，根系发育不良（图 1-58）。

图 1-58　水稻矮缩病常见症状

〔病原〕　病原为水稻矮缩病毒（Rice dwarf virus，RDV），属呼肠孤病毒科植物呼肠孤病毒属（*Phytoreovirus*），主要由黑尾叶蝉、二点黑尾叶蝉、电光叶蝉等昆虫传播，以黑尾叶蝉为主。黑尾叶蝉一旦获毒即终身带毒，并可经卵传毒。自然条件下该病毒仅侵染禾本科植物。

★ **32. 瘤（疣）矮病（Rice gall dwarf virus，RGDV）**

〔发生与危害〕　是东亚和东南亚稻区的重要水稻病毒病之

一。国内自 1976 年在广东高州、湛江等地零星发生后，之后广东和广西陆续有该病为害的报道，至 2005 年有 7 次在局部地区大流行；近年福建福州以南的一些县也有零星发生，并有进一步蔓延趋势。流行年份发病率可达 50% ~ 70%，重发地块甚至绝收，是南方稻区的重要潜在威胁。

〔症状识别〕 主要在苗期侵染，分蘖前期症状最为明显。病苗明显矮缩，叶色深绿，相邻叶片的叶枕距变短甚至重叠。其重要标志性特征是：孕穗前期，叶背和叶鞘长有浅白色近球形小瘤状突起，之后可转为绿色或黄褐色。有些病叶叶尖扭曲，个别新叶的一边叶缘灰白坏死，形成 2 ~ 3 个缺刻。病株根短而细弱，新根少，抽穗迟、细小、空粒多（图 1-59）。

图 1-59 水稻瘤矮病感病植株

〔病原〕 病原为水稻瘤矮病毒（Rice gall dwarf Virus，RGDV），属于呼肠孤病毒科植物呼肠孤病毒属（*Phytoreovirus*），由电光叶蝉、二点黑尾叶蝉、二条黑尾叶蝉和黑尾叶蝉等以持久性方式传播，还能通过二点黑尾叶蝉卵传播。病毒的寄主除水稻外，还有看麦娘、野生稻、大麦、小麦、黑麦、燕麦、意大利黑麦草、茭白和玉米等禾本科植物。

★ 33. 水稻黄矮病（Rice yellow stunt virus，RYSV）

〔发生与危害〕　水稻黄矮病又称黄叶病、暂黄病，主要分布于华南、西南、长江中下游等稻区。该病于 1957 年在广西东兴首次被发现，20 世纪 60 年代初期在滇南局部地区为害，中期在广东和广西南部大面积流行成灾，之后发展到长江中下游。近年来在南方部分地区有疑似病情发生，但是未见大面积流行。该病流行时可致减产 20% 左右，严重时也可绝收，是南方稻区的一个重要潜在威胁。

〔症状识别〕　主要症状是矮缩、花叶、黄枯（图 1-60）。从秧苗至始穗期都能感染发病，以分蘖期发病最为常见。苗期发病多从顶叶或倒二叶开始，植株多严重矮缩，不分蘖，须根短小黄褐，根毛很少，常早期枯死；分蘖期发病从倒二、三叶开始，

黄矮病田间

黄矮病田间

黄矮病病叶

图 1-60　水稻黄矮病常见症状

分蘖减少，根系差，抽穗迟而小，穗头半包或全包叶鞘内，结实率低；拔节后期仅叶鞘有明显病状，植株稍矮，抽穗迟而小，结实稍差。

病叶通常先从叶尖端开始发黄，后逐渐向基部发展，形成叶肉鲜黄而叶脉绿色的条状或斑驳花叶，后期枯黄蜷缩，仅中脉或中脉基部为绿色，病叶与茎秆夹角增大，出现叶"平摆"症状。重病株发病后 1.5~2 个月逐渐枯死，轻病株仅 2~4 片叶子发病，新生叶片只在叶尖或上半片叶子表现症状。

〔病原〕 病原是水稻黄矮病毒（Rice yellow stunt virus，RYSV），属植物核弹状病毒，主要由黑尾叶蝉、二条黑尾叶蝉和二点黑尾叶蝉传播，摩擦接种、注射等方式都不能传毒。叶蝉通过取食带毒叶片获毒，带毒叶蝉能连续传毒，终身携毒，但是不能通过卵传毒；传毒虫态为成虫和高龄若虫。

34. 东格鲁病（Rice tungro spherical virus，RTSV；Rice tungro bacilliform virus，RTBV）

〔发生与危害〕 东格鲁病在我国分布于华南稻区，国外见于孟加拉国、尼泊尔、菲律宾、巴基斯坦等国，与泰国的黄橙叶病、马来西亚的红病、印度的叶黄病、印度尼西亚的 mentek 病和日本的 waika 病均属于同类病原所致。该病对我国华南稻区水稻生产有潜在风险。

〔症状识别〕 受害植株矮缩和叶片变色，生长衰退，叶片颜色为橙色至黄色。籼稻染病多为橙色或稍带红色，故又叫红叶病；粳稻染病多呈黄色。嫩叶上现斑驳，老叶上现锈色斑点。

该病有两种病原病毒，症状则因两种病原单独或复合感染而不同，若单独受球状病毒感染，则表现轻微矮缩、褪绿；单独受小杆状病毒感染，则表现黄化、矮缩；两者复合感染，表现典型的东格鲁症，受害也最重（图1-61）。

图1-61　水稻东格鲁病

【病原】病原由两种病毒单独或混合侵染引起，一种为东格鲁球状病毒（Rice tungro spherical virus，RTSV），属于玉米褪绿矮缩病病毒组，病毒粒子呈球状；另一种为东格鲁杆状病毒（Rice tungro bacilliform virus，RTBV），属于鸭跖黄斑驳病毒组，病毒粒子呈小杆状。由二小点叶蝉（*Nephotettix impicteps*）、二点黑尾叶蝉、黑尾叶蝉等昆虫以半持久方式传播，接触或汁液摩擦不能传播，其中二小点叶蝉传毒率最高。

35. 齿叶矮缩病（Rice ragged stunt virus，RRSV）

【发生与危害】齿叶矮缩病又称裂叶矮缩病，分布在我国广东、福建、台湾、海南、湖南、湖北、江西、浙江等省，国外见于东南亚和南亚，对感病水稻品种可造成较大损失，对我国南方水稻生产有潜在风险。

【症状识别】染病株矮化，叶尖旋转，叶缘有锯齿状缺刻（图1-62）。苗期染病，心叶叶尖常旋转10多圈，心叶下叶缘破裂成缺口状，多为锯齿状。分蘖期染病，植株矮化，株高仅为健株的1/2，叶片皱缩扭曲，边缘呈锯齿状，缺刻深0.1~0.5厘米，一般不超过中脉，一片叶上常现3~5个缺刻，多的达10个以上。部分水稻品种可于拔节孕穗期发病，在高节位上产生1至数个分枝，称为"节枝现象"，分枝上抽出小穗，多不结实。有时叶鞘叶脉肿大，病株开花延迟，剑叶缩短，穗小不实。

【病原】病原是稻裂叶病毒（Rice ragged stunt virus，RRSV），属于呼肠弧病毒组病毒。由褐飞虱成、若虫传播。

苗期症状

穗期症状

图1-62　齿叶矮缩病的常见症状

★ **36. 水稻草丛矮缩病**（Grass stunt virus，GSV）

〔发生与危害〕　水稻草丛矮缩病主要在南亚、东南亚发生，我国南方部分地区零星发生。局部地区严重发生时会造成较大的产量损失。

〔症状识别〕　病株矮化，似草丛状，直立生长，叶片短小分蘖多。早期感病产量损失严重，成株期感病产量损失较小（图1-63）。

〔病原〕　病原是病毒Grass stunt virus（GSV），主要由褐飞虱若虫、成虫传播，不能经卵传毒。

图 1-63　草丛矮缩病的感病植株（左、中）及田间症状（右）

四、水稻线虫类病害 >>>>

水稻线虫类病害是由病原线虫引起的水稻病害，我国常见有干尖线虫和根结线虫两种。

★ **37. 干尖线虫病**（*Aphelenchoides besseyi* christie）

【发生与危害】　干尖线虫病又称为白尖病、线虫枯死病。该病害最早于 1915 年在日本九州发现，1940 年前后传入我国天津，目前广布于我国北纬 40°（北京、天津）以南的稻区。一般可造成水稻减产 10%～20%，严重者达 30% 以上。

【症状识别】　主要为害叶片与穗部。苗期症状不显，偶尔在 4～5 片真叶时叶尖出现灰白色干枯，干尖扭曲，以后病部干枯脱落，症状不明显；病株孕穗后干尖严重，剑叶或其下 2～3 片叶尖端 1～8 厘米逐渐枯黄，开始为半透明，干尖扭曲，后变为灰白或浅褐色，病健部界纹明显（图 1-64）。湿度大有雾露时，干尖叶片展平呈半透明水渍状，随风飘动，露干后复又卷曲。受害株略矮，多可抽穗，但穗短而小，直立，秕谷增加，千粒重下降。

【病原】　病原是贝西滑刃线虫，也叫稻干尖线虫（*Aphelenchoides besseyi* Christie）。雌雄虫体均为细长蠕虫形，雌虫体直或略向腹部弯曲，雄虫末端向腹部弯曲近 180°；成虫体长 440～840 微米，

干尖线虫为害病叶

感病叶尖

干尖线虫为害大田

图1-64　水稻干尖线虫为害状

雌虫稍大于雄虫（图1-65）。水稻感病种子是初侵染源，秧田期和本田初期靠灌溉水传播扩大危害。土壤不能传病。随稻种调运或稻壳作为商品包的填充物传播。除侵染水稻外，还寄生于草莓、辣椒、菊花、鼠尾草、狗尾草等园艺植物和杂草。

图1-65　水稻干尖线虫

★ **38. 根结线虫病**（*Meloidogyne oryzae*）

【发生与危害】我国于1959年首先在海南发现水稻根部的

结瘤现象，但未引起重视。1973 年经调查研究发现，海南水稻根结线虫病一般可以引起水稻产量损失 10%～20%，严重时可达 40%～50%。目前已报道我国海南、广东、广西、福建、云南等省区的局部地区有该线虫病为害。

【症状识别】 根结线虫在水稻各生育期都能发病，一般幼虫侵入新根 2～3 天后开始扭曲变粗，随后膨大形成根瘤，俗称"稻芋"或"稻薯"。根结初时为卵圆形，后为长卵圆形，颜色由浅变深，硬度逐渐变软，最后近于腐烂、发黑，且外皮变薄，容易破裂（图 1-66）。严重时地上部矮化，发黄。随着地下部根瘤数目的增加，地上部表现类似缺肥症状，病苗叶色变浅，纤弱，移植后返青慢，发根迟，长势差，死苗多；分蘖期症状更为明显，植株矮小，叶片均匀黄化，根短，茎秆纤细，分蘖力减弱。抽穗期叶黄，出穗难，呈包颈或不能出穗。灌浆期，病株穗短，结实少，秕谷多。

【病原】 病原可能有海南根结线虫（*Meloidogyne hainanensis* Liao & Feng）、林氏根结线虫（*M. lini* Yang, Hu & Xu）、拟禾本科根结线虫（*M. graminicola* Golden & Birchfield）和南方根结线虫 [*M. incognita*（Kofoid & White）Chitwood] 等多种病原线虫（图 1-67）。

图 1-66 水稻根结线虫为害的稻根

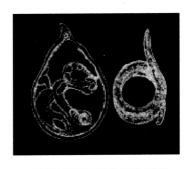

图 1-67 水稻根结线虫

五、水稻生理性病害 >>>>

水稻生理性病害包括缺素、高低温和农药使用不当等非病原性因素引起的水稻生理性病害。

★ **39. 赤枯病**（Red withered）

〔症状识别〕赤枯病是一种生理性病害，有下面几种类型（图1-68）。

赤枯叶片

赤枯叶片

赤枯植株

图1-68 水稻赤枯病常见为害状

（1）土壤缺钾型 因田间土壤钾的含量不能满足水稻生长对钾的需要而发病，多在浅薄沙土田、漏水田和红、黄壤水田发生。一般在水稻栽后十几天显症，初期稻株叶色略呈深绿，叶片狭长而软，基部叶片自叶尖沿叶缘两侧向下逐渐变为黄色或黄褐色，然后出现典型透明症状，根毛少且易脱落。

（2）植株中毒型 因土壤中含有大量的还原性化学物质如二价铁、硫化氢等毒害稻根，降低其活力而发病。多发生在深泥田、长期灌深水、通气不良和施用过量未腐熟有机肥的田块。主要症状是：稻苗栽后难返青，或返青后稻苗直立，几乎无分蘖，叶尖先向下褪绿，叶片中脉周边黄化，并长出红褐色黑斑，甚至腐烂，有类似臭鸡蛋的气味。

（3）**低温诱发型**　因长期低温阴雨影响水稻根系发育，导致其吸肥能力下降而发病。

★ **40. 水稻氮素失调**（Rice nitrogen maladjustment）

〔症状识别〕　氮素供应不足，表现为植株生长缓慢、矮小，叶片细狭，新叶出得慢。同时，缺氮引起叶绿素含量降低，叶面的颜色变浅，呈黄绿色，并且从下部老叶开始，逐渐向上发展；严重时，下部叶片呈黄色，甚至干枯死亡（图1-69）。缺氮使水稻营养体生长不良，抽穗早而不整齐，穗短粒少，过于早衰、早熟，产量很低。

氮素过剩，引起稻株贪青徒长，植株嫩绿，无性分蘖多引发多种病虫害为害，后期易倒伏（图1-69）。

正常　　　　　　缺氧

氮过剩　　氮适中　　氮缺乏

氮过剩导致的倒伏

图1-69　水稻氮素失衡的症状

★ **41. 水稻缺磷**（Rice phosphorus element deficiency）

〔症状识别〕 磷素供应不足，植株内糖类积累增加，形成较多的花青素。缺磷稻田，水稻移栽后生长显著缓慢，叶片细瘦直立，严重时叶片沿中脉稍呈卷曲折合状；叶色暗绿，无光泽，稻丛呈簇状，矮小瘦弱，根呈橘黄色，病株不分蘖或很少分蘖，成熟迟，穗数少，结实率低，千粒重下降，产量锐减（图1-70）。

图1-70 *水稻缺磷的症状*

〔原因〕 酸性水田易发生水稻缺磷症，主要是由于磷被氧化铁所闭蓄，被闭蓄的磷可达无机磷总量的40%～70%。石灰岩地区的冬水田，土壤有效磷含量低，钙含量高，pH高，若冬季干田，则促使磷素的化学固定，明显地减低磷素活化能力，缺磷的影响更加严重。

★ **42. 水稻缺钾**（Rice potassium element deficiency）

〔症状识别〕 水稻缺钾，叶片从下位叶开始出现赤褐色焦尖和斑点，并逐渐向上位叶扩展，严重时田间水稻叶面发红似火燎状。株高降低，叶色灰暗，抽穗不齐，成穗率低，穗形小，结实率差，籽粒不饱满（图1-71）。

由于栽培季节、品种类型和土壤条件不同，缺钾还会出现3类症状：第一类是返青分蘖期发生的缺钾性赤枯病，或称青铜

缺钾大田症状

缺钾大田稻苗

缺钾叶片症状

图 1-71　水稻缺钾的症状

病，第二类是缺钾性褐斑病，第三类是缺钾性胡麻叶斑病。

★ 43. 水稻缺锌（Rice zinc element deficiency）

〖症状识别〗　水稻缺锌引起的形态症状称为红苗病、火烧苗（图 1-72）。移栽 15～30 天后，植株下部叶片上沿主脉出现失绿条纹，萎缩不发棵，叶片上出现棕色锈状斑点，呈圆形或卵圆形，严重时，叶中脉变为白色；新抽出叶片基部失绿、褪色，继而全部失绿；稻株顶端受抑制，中部叶片出现棕色斑点，逐渐形成棕色条纹，叶尖向下变褐焦枯。发病幼叶常展开不完全，出现前端展开而中后部折合、出叶角度增大的形态，严重时叶枕距平位或错位，老叶叶鞘甚至高于新叶叶鞘，称为倒缩苗或缩苗。成熟期植株极端矮化、色深、叶小而短似竹叶，分蘖松散呈草丛状，成熟延迟，穗虽能抽出但纤细，大多不实，产量大幅度下降。

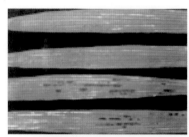

图1-72　水稻缺锌的症状

〔原因〕　水稻对锌的需要量很小，与氮、磷、钾相比，属于微量元素。但由于长期单一施用氮肥，加之水土流失，致使许多田块缺锌现象越来越明显，应引起重视。

★ **44. 水稻缺铁**（Rice iron element deficiency）

〔症状识别〕　水稻缺铁时，下部叶片为绿色，而嫩叶上呈现失绿症；叶脉间断失绿，出现棕褐色小斑点，严重时斑点连成条状，扩大成斑块，呈条纹花叶，症状越近心叶越重，严重时心叶不出，植株生长不良，矮缩，生育延迟，以至不能抽穗（图1-73）。

〔原因〕　一般认为植物内金属（如钼、铜、锰）的不平衡容易引起缺铁。另外，土壤磷过多、pH偏高、石灰多、冷浸和重碳酸盐含量高等多种因素均会导致缺铁。

缺铁稻苗铁锈斑

缺铁秧苗

图1-73　水稻缺铁的常见症状

45. 水稻缺钙（Rice calcium element deficiency）

〔症状识别〕　缺钙时，植株矮小，根系少而短，茎和根尖的分生组织受损。严重缺钙时，植物幼时卷曲，叶尖有黏化现象，叶缘发黄，逐渐枯死，根尖细胞则腐烂、死亡（图1-74）。

〔原因〕　一般认为土壤中代换性钙低于50～60毫克/千克时，作物可能缺钙。我国尽管不同地区土壤全钙含量差异明显，但即使在高温多雨湿润淋失作用强的红壤、黄壤，其每千克土的全钙含量可达4克，而淋溶作用弱的干旱、半干旱地区土壤含钙量则为10克，土壤一般不缺钙。因此，水稻缺钙往往并非土壤

图1-74　正常（左）与缺钙（右）的水稻根系比较

缺钙，而是由于植物体内钙的吸收和运输等生理作用失调而造成的。例如，土壤盐浓度过高可能抑制植物对钙的吸收，导致植株缺钙。

★ **46. 低温冷害**（Low temperature harm to rice）

[发生与危害] 有两个阶段的水稻易受低温冷害，一是南方双季早稻和东北中稻秧苗期，常遇低温加上连续阴雨的灾害性天气；二是南方双季晚稻和东北中稻的抽穗扬花期，易遭受"寒露风"影响。低温冷害对各生育期均有危害。

（1）苗期遇低温　水育苗易引起秧苗绵腐病和烂秧，旱育苗会引起立枯病和青枯病。

（2）返青期遇低温　轻者延迟返青速度，造成大缓苗，重者使秧苗枯死。

（3）分蘖期遇低温　会增加出叶间隔时间，使叶片减小，分蘖减少。

（4）减数分裂期遇低温　轻者会延迟幼穗原基分化，从而延迟水稻的抽穗、开花时间；重者花粉发育受阻，或小穗、小花败育。

（5）开花和灌浆期遇低温　会阻碍花粉粒的正常发育和正常的授精结实，形成大量空壳；灌浆受阻，形成头不弯的"翘头穗"。

〔**症状识别**〕秧苗期受低温危害后，全株叶色转黄，植株下部产生黄叶，有的叶片呈现褐色，部分叶片现白色或黄色至黄白色横条斑，俗称"节节黄"或"节节白"；在 2～3 叶苗期遇有日均气温持续低于 12℃，易产生烂秧（图 1-75）。孕穗期遇低温冷害、阴雨大风，会降低颖花数，幼穗发育受抑制；开花期冷害常导致不育，即出现受精障碍（图 1-76）。低温常延迟开花期，推迟成熟期，造成成熟不良。灌浆成熟期遇冷害谷粒伸长变慢，遭受霜冻时，灌浆进程受阻，瘪谷增多，千粒重下降，造成水稻大面积减产。

图 1-75　水稻秧田期低温冷害的常见症状

77

图 1-76 水稻扬花期（左）和穗期（右）低温冷害症状

★ 47. 高温热害（High temperature harm to rice）

〔发生与危害〕 随着全球气候变暖，近年来高温热害发生频率加大，需引起重视。我国长江流域，双季早稻或单季中稻的开花灌浆期正值盛夏高温季节，经常遇到高温热害，造成水稻结实率下降及稻米品质变劣，影响水稻生产。2003 年在安徽江淮一季中稻区，7 月下旬以来出现罕见的连续高温天气，日平均气温在 32℃以上，日最高气温达到 36～39℃，凡是这一时期处于抽穗扬花期的水稻均受到不同程度的影响，部分水稻品种甚至绝收，严重影响水稻产量。

〔症状识别〕 高温对水稻植株的损害与水稻的生育时期关系密切。水稻秧苗期、分蘖期受高温热害，叶片叶尖干枯、卷曲；开花期遇高温，则抑制花粉成熟、花药开裂、花粉在柱头的萌发及花粉管的伸长，导致水稻不能受精。后者对水稻产量的影响最为严重，这一时期是水稻对高温的敏感期，尤其是开花当天遇高温，易诱发小花不育，造成受精障碍，严重影响结实率及产量（图 1-77）。

〔原因〕 水稻在孕穗、抽穗时期，对温度极为敏感，最适宜温度是 25～30℃，30℃以上则会产生不利影响，尤其在遇到 35℃以上的持续高温时，孕穗期花器发育不全，花粉发育不良，

分蘖期热害

孕穗期热害

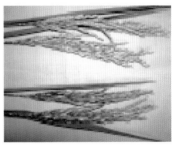

穗期热害

图 1-77　水稻高温热害常见症状

活力下降；抽穗扬花期遇高温则花粉破裂和花粉管伸长，导致不能受精而成空壳粒。此外，灌浆期遇高温天气，会使叶温升高，降低叶片的同化能力，增加植株的呼吸速度，灌浆期缩短，千粒重下降，秕粒率上升。

★ 48. 水稻倒伏（Rice lodging）

〔发生与危害〕　水稻灌浆成熟期常出现倒伏现象，有基部倒伏、折秆倒伏两种类型，以前者为主。倒伏通常影响籽粒灌浆结实，瘪谷增加，造成减产和降低米质，并增加收割的难度；此外，倒伏遇上阴雨还造成谷粒穗上发芽。

〔原因〕　有多种因素可以造成水稻倒伏。除了水稻本身的品种特性、栽植密度、施肥、气象条件、有害生物为害等因子，倒伏是它们综合作用的结果。

　　水稻品种抗倒伏性差异明显，穗大粒重、茎秆细软易倒伏。过密种植、直播、抛秧等种植模式易倒伏。施肥尤其是氮肥过迟过多、长期深水灌溉和淹水（尤其黄熟期浸水）等都容易导致水稻倒伏。在水稻中后期受稻飞虱、纹枯病、菌核病等严重危害的稻田，稻株下部茎秆软化也是造成倒伏的主要因素。水稻生育中后期遇到台风、暴雨也会造成大面积倒伏，常使一些较耐（抗）倒伏的品种都发生倒伏（图1-78）。

后期贪青（氮肥过多）倒伏

后期淹水过长倒伏

病虫+大风+未及时收割

图1-78　水稻倒伏的田间常见症状

49. 唑类杀菌剂药害（Rice phytotoxicity caused by oxazole fungicides）

　　【症状识别】唑类杀菌剂使用不当常会导致水稻药害，粳稻品种一般较籼稻品种对唑类药剂敏感，较易发生，主要表现为以下症状。

1）抽穗不正常，出现严重的包颈（包穗）、半包穗或抽穗而不结实现象。田间常表现为漏喷药的地方水稻能正常抽穗，施药的地方不正常抽穗。施药剂量越大，危害越严重。

2）结实率和产量大幅度下降。

3）高位分蘖呈丛生状。

4）茎叶生长旺盛，青绿不转色（图1-79）。

唑类药害区与正常区对比

大田包穗半包穗

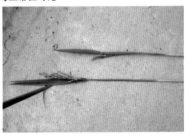

节间缩短与半包穗

图 1-79　唑类杀菌剂使用不当造成的水稻药害症状

〔原因〕唑类杀菌剂是类固醇去甲基化抑制剂（De-methy-laction inhibitor，DMI），即麦角甾醇抑制剂，能通过抑制赤霉素的合成从而抑制作物生长。稻田中用于纹枯病、稻曲病和稻瘟病防治的唑类杀虫剂包括三唑酮、烯唑醇、丙环唑、戊唑醇、氟硅唑、恶醚唑、咪鲜胺、拿敌稳（唑类复配剂）、氯苯嘧啶醇等，这些杀菌剂单剂按说明使用对水稻通常是安全的，但生产上常存在高浓度、连续多次叠加（混配）使用唑类杀菌剂的现象，致使水稻产生药害。此外，对唑类杀菌剂敏感的粳稻品种或敏感的杂交稻组合处于幼穗分化—孕穗后期施药，施药时天气处于阴雨、低温（平均温度为 20 ~ 25℃）时，均可能导致唑类杀菌剂的药害。

★ **50. 敌敌畏药害**（Rice Phytotoxicity Caused by DDVP）

〔症状识别〕 田间敌敌畏（DDVP）使用不当常引起水稻药害，受害稻株叶鞘、叶片上药害斑呈圆形或不规则状枯白，有点类似于白叶枯病，谷粒上的斑点与穗枯病相似（图 1-80）。但白叶枯病斑是沿两边叶缘或叶中脉向下扩展的长条状连续病斑、

田间药害症状

叶片与谷粒药害

叶片药害

图 1-80 敌敌畏使用不当导致的水稻药害症状

枯白，湿度高时会有菌浓溢出，敌敌畏药害无此症状。谷粒上穗枯病病斑在剥除谷壳后，米粒症状与谷壳上症状一致，病健交界部分界限明显，药害米粒无症状。

〔原因〕 敌敌畏在应急防控稻飞虱等害虫时经常使用。当使用浓度过高或重复喷洒时，或使用水溶解性不好的敌敌畏粉剂喷雾，在喷最后剩下的浓度极高的药液（沉淀）时，接触药液的叶鞘、叶片和谷粒时容易产生药害。

★ **51. 除草剂药害**

〔原因〕 近年来，随着土壤耕性的改变（主要是有机质下降、有益微生物减少、土壤肥力和保水保肥性变差等），使用不科学，除草剂药害（图1-81）的发生概率呈上升趋势。下面简要介绍一些常见除草剂药害症状及其预防措施。

图1-81 除草剂药害

〔症状识别〕

（1）稻苗高于正常植株

1）症状：早稻秧田过量使用"快杀稗""秧田清"（有效成分为二氯喹啉酸）防除秧田稗草，施药后15天左右出现症状（气温高表现早，气温低表现迟）；秧苗移栽至大田后，田间出现自然分布（与喷施920植株类似）态高苗。病株株高比健株高10～20厘米（似恶苗病），茎秆变细，叶鞘显著伸长（有的呈浅紫红色），植株褪绿、黄化；叶片变薄、细长而下垂，有的似实心葱管状，有的叶尖二裂开叉。秧田期产生的分蘖与主茎表现一致，本田期产生的新生分蘖症状较轻或无症状。

禾苗分蘖期误喷极低浓度的2,4滴酸草甘膦（含2.7%

2,4-D）除草剂，表现类似喷施 920 产生的高苗。病株比健株高，叶鞘显著伸长（有的呈浅紫红色），植株褪绿、黄化；叶片变薄、细长而下垂，无葱管状和叶尖开叉状叶片，田间可发现（漏喷药）健株。

2）预防补救措施：按农药标签说明限量、适期使用"快杀稗""秧田清"，或不用含二氯喹啉酸除草剂对秧田除草；可采用对禾苗安全性高的"稻杰"（五氟磺草胺）或幼禾葆（哌草丹·苄嘧）进行秧田和本田除草。受害苗可及时补施适量速效肥（以氮、钾为主），以促蘖壮苗；也可喷施"动力2003"、30% 苯醚甲环唑·丙环唑（爱苗）1500 倍液。

（2）死心症状

1）症状：使用"农达"等氨基酸类内吸除草剂防治稻田田埂杂草，或相邻田除草，喷药时受风和操作技术影响，近田埂一行或数行禾苗主茎先显现枯心、药害造成死心苗，易与二、三化螟为害状混淆。剥查病株、结合观察田埂杂草枯死情况可准确判别。

2）预防补救措施：施药除草宜选择无风或微风天气、低压喷雾、喷嘴加装罩杯，以减少雾粒扩散漂移。受害苗可及时根外喷施 0.2%～0.3% 磷酸二氢钾肥或"动力2003"1～2 次。

（3）叶片坏死斑

1）症状：稻田田埂采用百草枯（克无踪）除草，或相邻田除草，施药操作时药液飘洒黏附于稻株叶片，稻田周边禾苗叶片出现似慢性型稻瘟病状的褐色坏死斑。观察可见迎风向叶片坏死斑显著多于受遮蔽叶，比较稻田中央与周沿植株，结合观察受害苗（病株）田埂或相邻田杂草枯死状，可准确判别。

2）预防补救措施：同死心症状的预防补救措施。

（4）穗粒败育

1）症状：水稻穗期误施低浓度酰胺类（如丁草胺、异丙甲草胺）或氨基酸类（如草甘膦）除草剂，受害稻株似正常株，抽穗后无法正常开花结实，表现为青茂翘穗头。可于同一田块病株周边发现（漏喷药）健株。药害严重田，稻株变矮、叶色深绿、剑叶变短；稻穗畸形、青茂。必须仔细察看病株田间表现，比较全田稻株生长状态，耐心询查农户施药时期、检查其施药种类后，根据田间调查和药害户提供的信息综合分析判定，方可判别。

2）预防补救措施：按防治对象正确选用农药，避免误用；每次使用施药器械（喷雾器等）施药时，必须于配装药前和喷施操作结束后，即时洗净残留于具械内的药液（粉）。此类药害补救效果甚微。

📣 **提示**　水稻除草剂药害症状的主要表现：心叶颜色深绿，秧苗显著矮缩，较正常稻苗矮 10 厘米左右；叶片收敛展不开呈筒状，叶色浓绿，分蘖发生慢且少，每丛较正常植株少 5~6 个；根系变为褐色、新根少，下部叶片枯死；严重的地块根部腐烂，稻秧死亡。不同地块，症状表现类型不同，或某种症状明显，或几种症状混合发生。

（5）几种常用除草剂药害

1）症状：

① 乙草胺、丁草胺：新（心）叶扭曲畸形，叶皱缩，老叶黄化，有褐色斑点，叶片窄小；根系黄褐色，根短小而少。

② 苄（吡）嘧磺隆、甲磺隆类：叶片自下而上黄化，植株变矮，白根少黄根多，严重的田块根浅而短小，稍用力就易拔起，叶片倒缩在下位叶内（叶枕错位倒缩）。

③ 二氯喹啉酸：新叶似实心葱管状，或半闭合葱管状，有

硬实感，扭曲畸形。

2）预防补救措施：首先在药剂品种选择上尽量选用苄（吡）苯噻酰类新型安全高效的除草剂，或选用添加安全剂的品种。其次要在使用方法上注意下列细节：不用潮解过的肥料拌药，拌药肥时采取逐步扩大法，分 2 ~ 3 次拌匀，撒施药肥时要待叶片露水干后进行，以免叶片沾药发生药害；撒时要全田撒匀，整田时力求平整，以免高低不平，导致低洼处出现药害；撒药时田间水层不宜过深，以免淹心出现药害，药后不能马上串灌水，以免药液冲灌到一处集中，导致过量中毒，如果水层不够需补水，要等稍露泥后补灌水。二氯喹啉酸药害大多是秧田或大田使用不当造成的，所以在秧田使用二氯喹啉酸除稗时应注意剂量不能随意加大，同时喷药时不能重复喷，喷药应在栽前 3 ~ 5 天以上，秧苗 3 ~ 4 叶期以后为宜。

出现除草剂药害应先用清水串灌冲洗 1 ~ 2 次，如果药害严重，根系很差，则还需排干水，晒田促发新根，待根系好转有白根露泥面，再每亩用氯化钾 15 千克 + 尿素 5 ~ 7.5 千克 + 颗粒锌肥 1 ~ 2 千克追肥；同时用绿野神叶面肥 + 细胞分裂素兑水喷 2 ~ 3 次以解药害，促提早恢复长势。也可喷施 4% 赤霉素乳油、天丰素或芸苔素内酯等。

▶▶ 第二节 虫害的诊断 ◀◀

各类水稻害虫均有特定的为害习性，据此可将稻虫分成食叶类害虫、钻蛀类害虫、刺吸式害虫、食根类害虫 4 类，并作为诊断害虫的首要特征。

一、水稻食叶类害虫 ▶▶▶▶

水稻食叶类害虫主要取食叶片，有些种类也咬食叶鞘、幼穗，除常发性大害虫——稻纵卷叶螟之外，其他害虫多是局部地区为害或间歇为害。根据为害期间是否具有结苞隐蔽习性又分成结苞类和不结苞类两类。前者吐丝缀叶结苞，并常隐藏于苞中进行为害，包括稻纵卷叶螟、稻苞虫、稻三点水螟等害虫。后者不结苞而裸露在外为害水稻，包括稻螟蛉、稻眼蝶、黏虫、稻蝗、福寿螺、稻负泥虫及稻裂爪螨等害虫，其中稻螟蛉幼虫老熟后也吐丝缀叶成三角形虫苞化蛹（故俗称"粽子虫"），但因幼虫为害阶段不结苞而归于不结苞为害类。

◉ （一）结苞为害类

不同种类的结苞习性明显不同，稻纵卷叶螟通常是将单片叶子纵卷成苞，仅取食叶肉组织而使叶片形成白斑，叶片无缺口（图1-82）；稻苞虫常将叶片横向折卷或多叶成苞，且蚕食叶片而造成缺口（图1-83）；稻水螟则吐丝将叶片卷成筒状虫苞，幼虫藏身苞中并负苞活动，只取食叶肉组织，使叶片形成白斑，不造成叶片缺口（图1-84）。危害严重时，田间虫苞累累（图1-85），甚至植株枯死，一片枯白（图1-86）。

图1-82 稻纵卷叶螟多数单叶卷苞（左）、少数多叶卷苞（右）

图1-83 稻苞虫所卷各类虫苞

图1-84 稻三点水螟为害状（右图示
幼虫负苞于叶片为害近照）
注：该图引自参考文献 [2]。

图1-85 稻纵卷叶螟田间为
害状（白叶累累）

图1-86 稻纵卷叶螟田间为
害状（整片枯死）

★ **1. 稻纵卷叶螟**（*Cnaphalocrocis medinalis* Guenee）

稻纵卷叶螟属鳞翅目，螟蛾科，是我国常发性水稻大害虫，年发生面积超过 2 亿亩次。我国从东北至海南各稻区均有分布，尤以华南、长江中下游稻区受害最为严重。四川、云南、重庆、广西、广东、海南等地还有其近似种——显纹纵卷叶螟［*Susumia exigua*（Butler）］，同属螟蛾科，别名显纹刷须野螟，除四川、云南部分地区外，一般较稻纵卷叶螟发生轻。

【为害对象】主要为害水稻，也为害麦类、甘蔗、玉米等作物及稗、芦苇、游草、马唐、狗尾草等禾本科杂草。

【为害特点】初孵幼虫一般先爬入水稻心叶或附近叶鞘、旧虫苞中，2 龄幼虫则一般在叶尖或叶侧结小苞，3 龄开始吐丝缀合叶片两边叶缘，将整段叶片向正面纵卷成苞，一般单叶成苞，少数可以将临近的数片叶缀合成苞；幼虫取食叶片上表皮与叶肉，仅留下白色下表皮，虫苞上显现白斑（图 1-82）。

【形态特征】

1）成虫：体长 7~9 毫米，翅黄褐色，前后翅外缘均有黑褐色宽边，前翅前缘暗褐色，有 3 条黑色横线，其中内、外线横贯翅面，中线短而不达后缘；后翅有横线 2 条，内横线较短，不达翅后缘；雄蛾前翅前缘中部还有黑褐色鳞片聚成的鳞片堆（图 1-87）。

2）卵：扁椭圆形，多散产于叶片背面，偶有数粒聚成一排（图 1-88）。

3）幼虫：图 1-89 中显示的为幼虫，通常 5 龄，少数 6 龄，虫体呈黄绿色，1 龄头为黑色，其余各龄头为黄褐至褐色。前胸背板前、后缘 2 龄时均有 1 对黑点，3 龄前胸背板后缘黑点变成三角形黑斑，4 龄前胸背板前缘 2 个黑点两侧有许多小黑点连成弧线，5 龄前胸背板中部黑点色浅。中、后胸背板 3 龄开始均有 1 对黑褐色斑点（图 1-89）。

图1-87 稻纵卷叶螟成虫（左雄右雌，前翅中
横线短，不达后缘，雄蛾前翅
前缘中间有黑翅痣）

图1-88 稻纵
卷叶螟卵

4）蛹：长 7～10 毫米，被薄茧，各腹节背面后缘隆起，初蛹为浅黄色，后转红色至褐色（图1-90）。

图1-89 稻纵卷叶螟幼虫（左：
1龄，头黑。中：3龄，正吐丝
缀合叶片两边叶缘。右：4龄，
中后胸背板各有1对黑斑）

图1-90 稻纵卷叶螟蛹

显纹纵卷叶螟成虫稍小（体长6~7毫米），灰褐色，前翅的3条横线、后翅的2条横线均达翅缘（图1-91），幼虫前胸背板两侧各有1对褐斑，中、后胸背面无黑褐斑（图1-92）；蛹腹部各节背面光滑、无凸起。

图1-91 显纹稻纵卷叶螟成虫
注：该图引自参考文献［2］。

图1-92 显纹稻纵卷叶螟幼虫
注：该图引自参考文献［2］。

2. 直纹稻弄蝶（*Paranara guttata* Bremer et Grey）

直纹稻弄蝶属鳞翅目，弄蝶科，别名一字纹稻弄蝶，除新疆、宁夏未见报道外，广泛分布各稻区，是我国常见的、局部间歇性成灾的水稻害虫。以新垦稻区、水旱混作区、山区、半山区及滨湖地区的稻田发生较多，山区盆地边沿稻田受害最重；四川一些地区发生数量甚至超过稻纵卷叶螟。除该种外，常见的稻弄蝶还有曲纹稻弄蝶（*P. ganga* Evans）、么纹稻弄蝶（*P. nasobada* Moore）、隐纹谷弄蝶（*Pelopidas mathias* Fabricius）和南亚谷弄蝶（*P. agna* Moore）等，统称为稻苞虫，但仅前两种和直纹稻弄蝶取食稻叶时吐丝缀合稻叶成苞，后两种并不吐丝缀叶成苞。这几种稻苞虫的分布及为害程度均不及直纹稻弄蝶，其中隐纹谷弄蝶仅次于直纹稻弄蝶；曲纹稻弄蝶则主要分布于长江流域及以南稻区，以北则见于陕西汉中；么纹稻弄蝶和南亚谷弄蝶仅分布于华南及云、贵、湘、赣等地。

【为害对象】 为害水稻、茭白，并能取食玉米、高粱、大麦、谷子、竹子、芦苇、稗、游草、狗尾草等。

【为害特点】 1～2龄幼虫在叶片边缘或叶尖结2～4厘米的小苞；3龄幼虫苞长10厘米，也常单叶横折成苞，4龄幼虫开始缀合多片叶成苞，虫龄越大缀合的叶片越多，虫苞越大，食后叶片残缺不全，严重时仅剩中脉（图1-83、图1-93）。

图1-93 稻苞虫田间为害状

【形态特征】

1）成虫：体长17～19毫米，体和翅为棕褐色，前翅具有7～8个半透明白斑，排成半环状，下边一个最大；后翅中间有4个白色透明斑，呈直线或近直线排列（直纹稻弄蝶之名因此而得）（图1-94）。

2）卵：多散产于叶背，黄褐色至褐色，半球形，直径为0.9毫米。

3）幼虫：两头小中间大，呈纺锤形，末龄幼虫体长27～28毫米，头为浅棕黄色，头部正面中央有"山"字形褐纹，体为黄绿色，背线为深绿色（图1-95）。

图1-94 直纹稻弄蝶成虫

4）蛹：呈浅黄色至黄褐色，长22～25毫米，近圆筒形，被具白色絮状薄茧（图1-96）。

图 1-95　直纹稻弄蝶幼虫　　　　**图 1-96**　直纹稻弄蝶蛹

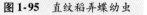

隐纹谷弄蝶后翅翅底有 2 ~ 7 个分离的斑纹，排成弧形（图 1-97），正面多无斑纹（故名"隐纹"）；蛹为绿色至暗褐色，头顶有长约 2 毫米的尖锥状凸起（图 1-98）。

图 1-97　隐纹谷弄蝶成虫　　　　**图 1-98**　隐纹谷弄蝶蛹

⭐ **3. 稻三点水螟** ［*Nymphula depunctulis*（Guenee）］

稻三点水螟属鳞翅目，螟蛾科，是我国最为常见的稻水螟类害虫，国内除新疆、青海、甘肃等省区外均有发生，尤以南方较多。此外，田间还有稻水野螟［*N. vittalis*（Bremer）］、稻筒水螟（*N. fluctuosalis* Zeller）及黄纹水螟（*N. fengwhanalis* Pryer）等种类，分布于全国多数稻区。

〔为害对象〕 为害水稻、稗草、游草、看麦娘、画眉草等禾本科植物。

〔为害特点〕 幼虫隐藏于叶苞中，白天浮于水面（图1-99），夜晚幼虫负苞爬上叶片取食稻叶，残留表皮形成白色网斑（图1-84），严重者整株枯死。

〔形态特征〕

1）成虫：体长6~9毫米，白色，前翅有3条不连续波纹状黄色横线纹，翅面有3个黑点，1个近翅基约1/4处，另2个近位于翅中部，后翅也见断续黄色横线纹（图1-100）。

图1-99 稻三点水螟幼虫负苞漂浮于水面

注：该图引自参考文献 [2]。

图1-100 稻三点水螟成虫

注：该图引自参考文献 [2]。

2）卵：扁圆形，一端稍尖，浅黄色，不规则地排列成卵块。

3）幼虫：末龄幼虫体长12~15毫米，浅黄色稍带绿色，头及前胸背板为浅黄褐色，散生暗褐色小点。

◉ （二）不结苞为害类

根据取食方式不同，不结苞为害类的食叶类害虫又可分为两类：第一类，蚕食叶片（至少在高龄幼虫阶段），造成叶片缺口，甚至仅剩叶片中脉或稻秆，如稻螟蛉、稻眼蝶、黏虫、稻蝗、福寿螺等，多为"暴食"性害虫，在局部地区部分年份虫口数量较大，危害严重。第二类，不蚕食叶片，仅取食叶肉，形成白斑或失绿斑，如稻负泥虫、稻裂爪螨等害虫。

★ 4. 稻螟蛉（*Naranga aenescens* Moore）

稻螟蛉属鳞翅目，夜蛾科，又名双带夜蛾，因成虫前翅有2条暗褐紫色宽斜纹而得名，化蛹前结三角形虫苞，俗称"粽子虫"。该虫分布甚广，在国内主要稻区均有分布。该虫在20世纪50年代局部受害严重，60年代多得到控制，70年代部分地区又有回升趋势，90年代以来局部地区受害严重。长江流域及以南稻区还有一种"螟蛉类"害虫——稻条纹螟蛉［*Protodeltote istinguenda*（Staudinger）］，属夜蛾科，偶见发生。

〔为害对象〕　除水稻外，还为害高粱、玉米、甘蔗、粟、茭白及多种禾本科杂草。

〔为害特点〕　幼虫取食稻叶，1~2龄幼虫沿叶脉间取食叶肉，将叶片食成白色条纹，3龄后蚕食叶片，将叶片食成缺口，严重时叶片仅剩中肋（图1-101）。

〔形态特征〕

1）成虫：体长6~10毫米，头胸为深黄色，雄虫前翅为深黄色，翅面有2条平行的

图1-101　稻螟蛉幼虫为害状
（左上图示低龄幼虫为害状）

暗褐紫色宽斜纹，里侧1条自前缘中央至内缘中央，外侧1条自翅尖伸至臀角附近；雌蛾前翅为黄褐色，2条斜纹较雄虫的细些，且中部间断不连续（图1-102）。

2）卵：扁球形，表面有房舍状隆线29条（图1-103）。

图1-102 稻螟蛉成虫（左雌右雄）

图1-103 稻螟蛉卵

3）幼虫：多6龄，末龄幼虫长20～26毫米，深绿色，头为黄绿色或浅绿色，背线及亚背线为白色，气门线为黄色，腹部仅保留第3、4腹足，第1、2对腹足退化，仅留痕迹，故行动像尺蠖（图1-104）。

4）蛹：隐藏在三角叶苞内，虫苞浮于水面或留于原稻株，蛹体长9～10毫米，初蛹为黄绿色，羽化前为褐色，可见前翅斜纹（图1-105）。

图1-104 稻螟蛉
5龄幼虫

图1-105 稻螟蛉漂浮于水面的三角
形叶苞（右上角为剥开叶苞中的蛹）

★ 5. 稻眼蝶类

稻眼蝶类属鳞翅目，眼蝶科，在我国为害水稻常见的有稻眼蝶（*Mycalesis gotama* Moore）和稻褐眼蝶［*Melanitis leda*（Linnaeus）］两种。前者别名短角稻眼蝶、黄褐蛇目蝶、日月蝶、蛇目蝶，后者别名长角稻眼蝶、暗褐蛇目蝶。两者主要分布于长江流域及华南稻区，尤在山区、近山区发生较重。稻眼蝶每年发生时间稍早，数量相对较多；稻褐眼蝶发生稍迟，数量相对较少。

〔为害对象〕　除为害水稻外，还为害茭白、甘蔗、竹子及多种禾本科杂草。

〔为害特点〕　幼虫沿叶缘取食叶片形成不规则缺刻，严重时整丛叶片均被吃光（图1-106）。

图1-106　稻眼蝶为害状及幼虫（左下）

〔形态特征〕

1）成虫：静止时翅直立背上（图1-107、图1-108）。稻眼蝶成虫体长15~17毫米，翅正面为灰褐色，翅外缘钝圆。前翅正面2个眼斑各自分开，前小后大，眼斑中央呈白色，中圈粗呈黑色，外圈细呈黄色；反面3个眼斑，最大者与正面大眼斑对应。

后翅正面无眼斑，反面有 5 ～ 7 个大小不等的眼斑（图 1-108）。稻褐眼蝶稍大，体长 18 ～ 21 毫米，背面为灰黄色，翅外缘呈波浪形。前翅正面有 2 个眼斑，其中央为白色，周围有大黑斑；反面有 2 ～ 3 个眼斑。后翅正面有 1 ～ 3 个眼斑，反面有 6 个眼斑（图 1-108）。

图 1-107 稻眼蝶成虫（左正面，右反面）

注：该图引自参考文献 [2]。

 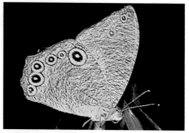

图 1-108 稻褐眼蝶成虫（左正面，右反面）

注：该图引自参考文献 [2]。

2）卵：两种眼蝶卵相似，均为圆球形，黄绿色，半透明，有光泽（图 1-109）。

3）幼虫：头部均有 1 对角突，腹末均有 1 对尾突，体节多横纹，体绿色。

4）蛹：倒悬于稻株，绿色至黑褐色（图 1-110）。

图1-109　稻眼蝶卵

图1-110　稻眼蝶蛹（倒悬于稻株）

★ **6. 黏虫**［*Mythimna separata*（Walker）］

　　黏虫异名为 *Leucunia separata*（Walker），属鳞翅目、夜蛾科，又名东方黏虫，俗称剃枝虫、行军虫、好蚜、五色虫。国内除新疆、西藏外，其他各省区均有分布，是我国稻作上间歇性、局部为害的害虫，在长江中下游及以南的稻区相对常见。我国黏虫类害虫有60余种，较常见的还有劳氏黏虫［*M. loreyi*（Duponchel）］、白脉黏虫［*M. compta*（Moore）］等，在南方与黏虫混合发生，但数量、危害一般不及黏虫，在北方各地虽有分布，但较少见。

　　〔为害对象〕可为害34科89种植物之多。在南方稻区，秋季主要为害晚稻，冬、春季为害小麦；在北方则主要为害小麦、玉米、谷子、高粱、青稞等，也为害禾本科牧草。

　　〔为害特点〕低龄时咬食叶肉形成透明的条纹状斑纹，3龄后沿叶缘啃食水稻叶片造成缺刻，严重时叶片被吃光，植株仅剩光秆（图1-111）。穗期可咬断穗子或咬食小枝梗，引起大量落粒，故称剃枝虫（图1-112、图1-113）。大量发生时可在1~

2 天内吃光成片作物，造成严重损失。

图 1-111 黏虫为害状（叶片、小穗被食）

注：该图引自参考文献［17］。

图 1-112 黏虫为害状

（穗被咬断）

注：该图引自参考文献［2］。

图 1-113 黏虫成虫

注：该图引自参考文献［17］。

〔形态特征〕

1）成虫：体长 17～20 毫米，浅黄褐色或灰褐色，前翅中央前缘各有 2 个浅黄色圆斑，外圆斑后方有 1 小白点，白点两侧各有 1 小黑点，顶角有 1 条伸向后缘的黑色斜纹（图 1-113）。

2）卵：馒头形，单层成行排成卵块。

3）幼虫：6 龄，体色变异大，腹足 4 对，高龄幼虫头部沿蜕裂线有棕黑色"八"字纹，体背有各色纵条纹，背中线为白色、较细，两边为黑细线，亚背线为红褐色，上下镶灰白色细条，气门线为黄色，上下有白色带纹（图 1-114）。

4）蛹：长 19 ~ 23 毫米，红褐色（图 1-115）。

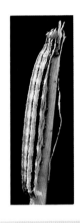

图 1-114 黏虫幼虫
注：该图引自参考文献［2］。

图 1-115 黏虫蛹
注：该图引自参考文献［2］。

★ 7. 中华稻蝗 ［*Oxya chinensis*（Thunberg）］

中华稻蝗属直翅目，蝗科，是为害水稻最为常见的蝗虫类害虫，在国内各稻区均有分布，20 世纪 80 年代中期以来在我国中部和北部稻区为害明显回升，不少稻区（如东北稻区）局部成灾。田间也可见为害水稻的其他蝗虫，如山稻蝗（*Oxya agavisa* Tsai）、芋蝗［*Gesonula punctifrons*（Stål）］等。

〔为害对象〕 为害水稻、茭白及其他禾本科植物，也取食莎草科、豆科、旋花科、锦葵科、茄科等多类植物。

〔为害特点〕 成虫、若虫多从叶边缘开始取食，叶片出现缺刻（图1-116），严重时全叶被吃光，仅残留稻秆。

〔形态特征〕

1）成虫：黄绿色或黄褐色，复眼后方头两侧各有1条黑褐色纵带，直达前胸背板后缘及翅基部（图1-117）。

2）卵：长3.5毫米，长圆筒形、略弯，深黄色，胶质卵囊为褐色，囊内含卵10～100粒，多为30粒左右，斜列2纵行。

3）若虫：5～6龄，少数7龄，体为绿色，胸背面中央为浅色纵带（图1-118），各龄体长、触角节数、翅芽长短不同。

图1-116　中华稻蝗为害状
（叶片被食成缺刻）

图1-117　中华稻蝗成虫

图1-118　中华稻蝗若虫

★ **8. 福寿螺** [*Pomacea canaliculata*（Lamarck）]

福寿螺异名为 *Ampullaria gigas*、*Ampullarium crosseana*、*A. in-*

sularus、*Pomacea cineata*，又名大瓶螺、苹果螺，是一种大型水生螺类。该螺起源于南美洲，但在我国及其他亚洲国家因盲目引进和管理不善，福寿螺迅速扩散到田间，成为一种新的为害水稻的有害生物。在我国北纬30°以南的省区均有福寿螺的发生报道，包括广东、广西、海南、台湾、福建、云南、四川和浙江等地，广东、广西等地受害严重，水稻收割后的田间遍布螺体（图1-119）。

图1-119　遍布螺体的稻田

〔为害对象〕除为害水稻外，还为害茭白、芡实、菱角、荸荠、莲藕等水生蔬菜，以及喜旱莲子草、紫背浮萍、芜萍、满江红、水浮莲、凤眼莲、慈姑、水葫芦、鸭石草等水生维管束植物和水域附近的紫云英、空心菜、甘薯、水雍菜、白菜等旱生作物。

〔为害特点〕该螺孵化后稍长即开始啃食水稻等水生植物，尤喜食幼嫩部分。水稻插秧后至晒田前是主要受害期，主要咬剪水稻主蘖及有效分蘖，导致有效穗减少而造成减产；在秧苗期可造成局部缺苗，甚至毁坏整块稻苗（图1-120）。

图1-120　福寿螺为害造成田间缺苗

〔形态特征〕该螺贝壳外观与田螺相似，有一螺旋状的螺壳，颜色随环境及螺龄不同而异，有光泽和若干条细纵纹，爬行时头部和腹足伸出；头部有触角 2 对，前触角短，后触角长，后触角的基部外侧各有 1 只眼；螺体左边有 1 条粗大的肺吸管（图 1-121）。成贝壳厚，壳高 7 厘米，幼贝壳薄，贝壳的缝合线处下陷呈浅沟，壳脐深而宽。雌雄同体，异体交配。卵圆形，直径为 2 毫米，初产卵呈粉红色至鲜红色，后变为灰白色至褐色；数十粒甚至上千粒排列整齐，形成椭圆形卵块，卵层不易脱落；卵于夜间产在水面以上的干燥物体或植株的表面，如茎秆、沟壁、墙壁、田埂、杂草等（图 1-122）。

图 1-121　福寿螺成虫

图 1-122　福寿螺卵块

★ **9. 稻负泥虫**［*Culema oryzae*（Kuwayama）］

稻负泥虫异名为 *Lema oryzae*，属鞘翅目，叶甲科，俗称背屎虫、猪屎虫。在我国分布较广，发生较重的区域有两个，即中南部的山区稻田和东北三省稻区。

〖**为害对象**〗　水稻、茭白、粟（谷子）、小麦、玉米、李氏禾、芦苇、碱草等。

〖**为害特点**〗　成虫、幼虫均食害叶肉，残留表皮，受害叶上出现白色条斑，植株发育迟缓，严重时全叶发白、枯焦，甚至整株枯死（图 1-123）。

〖**形态特征**〗

1）成虫：体长 4.5 ~ 5.0 毫米，前胸背板为红褐色，钟罩形，后部略有缢缩；鞘翅为青蓝色，具有金属光泽，每翅生有纵行刻点 11 条，足大部分为黄褐色至红褐色（图 1-124）。

图 1-123 稻负泥虫为害状
注：该图引自参考文献 [17]。

图 1-124 稻负泥虫成虫

2）卵：长 0.7 毫米左右，长椭圆形，常数粒至数十粒排列于叶表，个别散产。

3）幼虫：4 龄，头小呈黑褐色，腹背隆起很明显，幼虫孵化后不久，体背上堆积着灰黄色或墨绿色粪便，4 龄幼虫体长 4~6 毫米（图 1-125）。

4）蛹：长约 4.5 毫米，外被白色棉絮状茧（图 1-126）。

 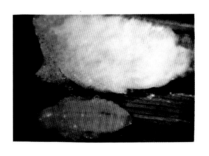

图 1-125 稻负泥虫幼虫
注：该图引自参考文献 [17]。

图 1-126 稻负泥虫白色茧及剥出的蛹
注：该图引自参考文献 [2]。

★ **10. 稻裂爪螨** (*Schizotetranychus yoshimekii* Ehara *et* Wongsiri)

稻裂爪螨属蜱螨目，叶螨科，又名黄蜘蛛，在广东、广西山区常有发生，局部地区受害较重，冬季温室稻苗上也易发生。受害稻株千粒重、结实率均下降，为害暴发时可减产 10% 左右，重者可达 30% 以上。

〔为害对象〕 除为害水稻外，还有甘蔗、李氏禾、燕麦草、马唐、石芒草、叶下珠、牙签草、老虎草、铁绒草等多种禾本科植物。

〔为害特点〕 成螨、若螨在稻叶上群集为害，取食叶肉导致叶片初期出现浅白色小点，后发展成全叶失绿、干枯，被害叶面附有幼螨、若螨脱下的皮，就如蒙上一层灰白色的粉末（图 1-127）。受害株穗小、结实率低。

图 1-127 稻裂爪螨（左）及其为害状（右）

〔形态特征〕 体微小，浅黄色至橙黄色，成螨体长 0.19 ~ 0.29 毫米，躯体两侧有 3 ~ 4 对紫黑色斑纹；卵为近圆形，直径约 0.13 毫米；幼螨呈椭圆形（图 1-127）。

二、水稻钻蛀性害虫 >>>>

幼虫钻蛀潜入水稻茎秆、叶片中为害的一类害虫，主要包括稻螟虫（二化螟、三化螟、台湾稻螟、大螟）、稻蚊蝇类（稻瘿蚊、稻秆蝇、稻小潜叶蝇、菲岛毛眼水蝇）及稻铁甲等害虫。

◉（一）螟虫类

我国常发性水稻害虫，俗称"钻心虫"或"蛀心虫"，以幼虫钻蛀水稻叶鞘、茎秆和穗等部位，造成枯鞘、枯心、死孕穗、白穗或虫伤株、花白穗等症状，严重威胁水稻生产。由同一卵块孵出的幼虫为害附近的稻株，导致枯心、白穗成团出现，俗称"枯心团""白穗团"，严重时可整片枯死（图1-128）。二化螟、三化螟、大螟是我国最重要的3种螟虫（表1-2），部分地区还分布有台湾稻螟、褐边螟等种类，除大螟属夜蛾科外，其余均属草螟科。

枯鞘　　白穗　　　　　整片枯死

图1-128 螟虫造成的各种为害状

表1-2 我国3种主要螟虫的比较

项　　目	二化螟	三化螟	大螟
所属科别	草螟科	草螟科	夜蛾科
分布区域	国内各稻区均有分布	山东莱阳、烟台以南地区	陕西周至、河南信阳、安徽合肥、江苏淮阴一线以南

（续）

项目		二化螟	三化螟	大螟
常年发生面积		>1666万公顷次	>460万公顷次	>160万公顷次
为害对象		水稻、茭白、玉米、甘蔗、稗草、油菜、绿肥、麦类和蚕豆等	水稻	水稻、麦类、玉米、高粱、甘蔗、粟、油菜、棉花、香蕉、稗、芦苇、香蒲等
发生代数		1~5	2~7	3~6
越冬虫态与场所		多以4~6龄幼虫于稻桩、稻草、茭白及杂草中滞育越冬	以老熟幼虫在稻桩内滞育越冬	3龄以上幼虫在稻桩、茭白、芦苇等越冬，无明显滞育现象
越冬虫活动最低温		15℃	16℃	10℃
为害特点或习性	受害植株表现	枯鞘、枯心、枯孕穗、白穗、虫伤株	无枯鞘，有枯心、枯孕穗、白穗、虫伤株	枯鞘、枯心、枯孕穗、白穗、虫伤株
	蛀孔形态	近圆形，孔口有少量虫粪	小而圆，无虫粪，有时可见叶囊	大，椭圆或长椭圆形，孔口常有较多虫粪
	秆内粪便	较多，粪粒常不清晰	少且粪粒较清晰	最多，粪粒不清晰
	秆内虫数	多头群集，多者可达数十头，甚至上百头	1头独居	1龄时群集，2龄后分散，多1头，少数2~3头
形态特性	幼虫	浅褐色，2龄以上幼虫腹部背面有暗褐色纵线5条	黄绿色，3龄起前胸背板后缘中线两侧各有1个扇形或新月形斑	头为红褐色，胸腹部为浅黄色，背面带紫红色

（续）

项　目		二化螟	三化螟	大螟
形态特性	蛹	初时为浅黄色至红褐色，具有5条纵背线，后纵线无，变为红褐色	灰白色至黄绿色、黄褐色	浅黄色至黄褐色，头胸部有白粉
	成虫	黄褐或灰褐色；前翅外缘有7个小黑点，雄蛾有紫黑色斑点4个	翅面中央有1个黑点，雄蛾自翅尖指向后缘有1条暗褐色斜纹；外缘有小黑点7~9个	前翅长方形，浅黄褐色有光泽，翅中部从翅基至外缘有明显的暗褐色纵纹
	卵块	叶片或叶鞘表面有胶质覆盖物	叶片或叶鞘表面有绒毛状覆盖物	叶鞘内侧，排列成带状，无覆盖物

★ **11. 二化螟**［*Chilo suppressalis*（Walker）］

二化螟是我国水稻常发性的最严重害虫之一，属鳞翅目，草螟科。在国内各稻区均有分布，较三化螟和大螟分布广，在东北是3种主要螟虫中唯一的种类，但主要以长江流域及以南稻区发生较重。该虫常年发生面积达1660万公顷次以上。近年来，湖南、江西、浙江南部等地的单双季稻混栽区，因药剂使用不当，二化螟对氯虫苯甲酰胺的抗药性迅速上升，发生危害较重，成为当地水稻生产的首要虫害。田间常可见近似种芦苞螟［*Chilo lutellus*（Motschulsky）］，主要为害芦苇，形态上易与二化螟混淆。

〔为害对象〕除为害水稻外，还有茭白、菰、玉米、甘蔗、稗草、芦苇等禾本科植物，早春还能为害油菜、绿肥、麦类和蚕豆等春花作物。

〔为害特点〕幼虫钻蛀稻株，初孵幼虫先群集叶鞘内取食内壁组织，造成枯鞘，若正值穗期可集中在穗苞中为害造成花

109

穗；2龄后开始蛀入稻茎为害，分蘖期、孕穗期、抽穗期分别造成枯心、枯孕穗、白穗，灌浆成熟期造成虫伤株（图1-128）。幼虫常群集为害，蛀孔近圆形，孔外有少量虫粪；同一稻秆中常有多头幼虫，多者可达数十甚至过百头；秆内虫粪较多（图1-129）。

图1-129　二化螟蛀孔和秆内状况

〔形态特征〕

1）成虫：额部有1个凸起，雄虫体长10~12毫米，前翅翅面散布褐色小点，中央有紫黑色斑1个，其后有另呈斜形排列的3个同色小斑点，外缘有7个小黑点；雌蛾体长12~15毫米，头胸部及前翅为黄褐色或灰褐色，前翅外缘有7个小黑点，但翅面褐色斑点少，无紫黑色斑。

2）卵：呈鱼鳞状单层排列成卵块，外覆透明胶质物。

3）幼虫：通常6龄，少数5龄和7龄；2龄以上幼虫腹部背面有暗褐色纵线5条，两侧最外缘的纵线（侧线）为横贯气门的气门线，头部为浅红褐色或浅褐色。

4）蛹：多在受害茎秆内，被薄茧，有羽化孔，初期为浅黄色，背部有5条棕色纵线，后为红褐色，纵纹消失，腹末略呈方形，有8个凸起（图1-130）。

近似种芦苞螟成虫，额部有2个凸起，前翅有较多铅色鳞片；幼虫背部除了有5条明显的纵线之外，两侧气门下线下方还各有1条不连续的浅色线，因此共有7条纵线；蛹末端略呈半圆形，仅有6个凸起。

雌成虫　　　雄成虫　　　卵　　　幼虫　　　蛹

图 1-130　二化螟各虫态

★ 12. 三化螟 [*Scirpophaga incertulas*（Walker）]

三化螟有 *Tryporyza incertulas*（Walker）、*Chilo incertulas*（Walker）等多个异名，属于鳞翅目，草螟科。广泛分布于我国山东莱阳、烟台以南地区，是我国长江流域及以南水稻主产区的常发性害虫之一，全国常年发生达 460 万公顷次，居于水稻螟虫第 2 位，但华南等地居首位。近年来发生数量有所下降，主要在华南和沿江稻区等地危害较重。国内有近似种褐边螟（*Catagella adjurella* Walker），分布于黄河以南稻区，也以长江中下游及华南稻区较常见。

〔为害对象〕　食性专一，仅为害水稻。近似种褐边螟除为害水稻外，还可为害菰、稗、游草、鸭舌草和荆三棱等。

〔为害特点〕　幼虫钻蛀为害造成枯心、白穗、虫伤株及相应的枯心团、白穗群，不造成枯鞘。与其他螟虫有一显著不同的特征——幼虫钻入之后在茎节上部将心叶或稻茎维管组织环切成"断环"，且一般每株仅有 1 头幼虫，株内虫粪少，粪粒清晰，蛀孔整齐、呈圆形，外无虫粪；3 龄以上幼虫转株时常咬断叶片或稻茎，制成叶囊或茎囊，待幼虫钻入稻茎后遗留于蛀口外边或下方泥土上（图 1-131）。

图 1-131　三化螟幼虫蛀孔（左）及秆内断环与极少虫粪（右）

〔形态特征〕

1）成虫：雌成虫体长 10～13 毫米，前翅为黄白色，中央有 1 个小黑点；雄虫体长 8～9 毫米，前翅为浅灰褐色，中央小黑点较小，自翅尖指向后缘仅中部有 1 条暗褐色斜纹，外缘有小黑点 7～9 个。

2）卵：常由 3 层叠成长椭圆形卵块，表面覆盖有黄褐色绒毛。

3）幼虫：多 4 龄，食料不适时 5 龄，3 龄开始体为黄绿色，前胸背板后缘中线两侧各有 1 个扇形斑或新月形斑；体表看起来较干糙，而不像二化螟和大螟那样的湿滑。

4）蛹：灰白色至黄绿色、黄褐色，被白色薄茧，前有羽化孔；雄蛹较细瘦，腹部末端较尖，后足伸达第 7、8 腹节，接近腹末；雌蛹较粗大，腹部末端圆钝，后足仅达第 6 节（图 1-132）。

雌成虫　　雄成虫　　卵　　幼虫　　蛹

图 1-132　三化螟各虫态

近似种褐边螟成虫，前翅前缘有褐边，中央有 3 个褐点，自翅尖指向后缘仅中部有 1 条暗褐色斜纹，雌虫翅面金褐黄色，雄虫为灰黄色。卵块被浅黄白色绒毛，较三化螟薄。幼虫胸及腹部前 3 节为绿色，腹部后半部为浅黄绿色。蛹体细瘦，与三化螟似，但被较厚的茧。

★ **13. 大螟**（*Sesamia inferens* Walker）

大螟又名稻蛀茎夜蛾，属鳞翅目，夜蛾科。在国内分布于北纬 34°线以南，即陕西周至、河南信阳、安徽合肥、江苏淮阴一线以南。该虫原仅在稻田周边零星发生，随着耕作制度的变化，特别是推广超级稻以后数量上升，成为水稻常发性螟虫之一，常年发生面积达 160 万公顷次以上。长江流域除沿江稻区外，多已取代三化螟成为水稻螟虫的第 2 位，部分地区占到螟虫的比例可达 30%~40%。

〖为害对象〗 除为害水稻外，还有麦类、玉米、高粱、甘蔗、粟、油菜、棉花、香蕉等作物，以及稗、芦苇、香蒲、早熟禾等杂草。

〖为害特点〗 与二化螟相似，幼虫为害造成枯鞘、枯心、死孕穗、白穗和虫伤株及相应的枯心团和白穗群，秆内可有多头幼虫，但蛀孔较二化螟大，且为长圆或长条形，边沿不整齐，秆外、秆内均有大量虫粪，易与二化螟和三化螟区分（图 1-133）。

〖形态特征〗

1) 成虫：体长 12~15 厘米，头胸部为浅黄褐色，腹部为浅黄色，

图 1-133 大螟蛀孔（左）与秆内虫粪（右）

前翅长方形，浅黄褐色，有光泽，翅中部从翅基至外缘有明显的暗褐色纵纹，该线上下各有2个小黑点，雌蛾触角呈丝状，雄蛾触角呈栉齿状。

2）卵：扁球形，2~4行于叶鞘内侧排成卵带。

3）幼虫：6龄，少数5龄或7龄，虫体粗壮，头为红褐色，胸、腹部为浅黄色，背面带紫红色。

4）蛹：头、胸部有白粉（图1-134）。

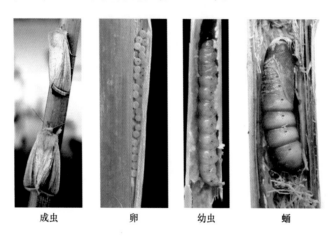

成虫　　　　　　卵　　　　　　幼虫　　　　　　蛹

图1-134 大螟各虫态

★ **14. 台湾稻螟**〔*Chilo auricilius*（Dudgeon）〕

台湾稻螟异名为 *Chilotraea auricilia*（Kapur），属鳞翅目，草螟科。在我国台湾、福建、海南、广东、广西、云南、四川均较常见，江苏、浙江也偶有发生。20世纪90年代以来，随着轻型栽培技术、耕作制度等的变化，南方地区三化螟危害逐年减轻，而台湾稻螟的发生危害则加重，如广东蕉岭县1995年以来每年发生面积达1333~2000公顷，白穗率一般为0.1%~2%，高的达10%以上；2006年早稻白穗率高的达15.2%。

〔为害对象〕 在国内主要为害水稻，也为害甘蔗、玉米、高梁、粟、麦类等；在国外主要为害甘蔗。

〖为害特点〗 与二化螟相似。幼虫为害造成枯鞘、枯心、白穗和虫伤株等症状。同一秆中可有多头或数十头幼虫，较二化螟活跃，被害株往往有较多穿孔。蛀孔大，略呈方形，周围为黄白色，并常有大量黄白色粪便与被害组织的混合物，有强烈臭味。

〖形态特征〗

1）成蛾：雄蛾体长6.5～8.5毫米，头、胸部为黄褐色，常有暗褐色点，腹部为灰褐色，触角略呈锯齿状，具有暗褐色和浅褐色相间的环；前翅为黄褐色，翅面布满银色及金黄色鳞片，中央具有隆起而有金属光泽的深褐色斑块4个，排列成"7"字形；亚外缘线部位有暗褐色至黑色的点列，外缘有7个黑色小点，缘毛金黄色有光泽，其基部为暗褐色，与外缘黑点之间有1条银灰色带；后翅为浅黄褐色，缘毛略呈银白色。雌蛾体长9.2～11.8毫米，触角丝状，灰色和灰褐色相间；翅为黄褐色，中央部分的隆起斑块较雄蛾大，色较浅，其他各处点纹也不如雄蛾明显；后翅与雄蛾相似（图1-135）。

2）卵：扁平椭圆形，长0.67～0.85毫米，宽0.45～0.56毫米，白色至灰黄色，孵化前出现暗黑色斑点；卵粒呈鱼鳞状排列，构成较明显的1～5条纵行。

3）幼虫：4～6龄，末龄体长15～25毫米，头部为红褐色至黑褐色或，体为浅黄白色，背面具有褐色纵线5条，但最外侧纵线（侧线）从气门上方通过，头色与侧线位置是区别二化螟幼虫的两项重要特征。此外，幼虫腹足趾钩双序全环，外方趾钩稍短，但与内方同密，有别于二化螟。

4）蛹：长9～16毫米，纺锤形，初时为黄色，背面有5条棕色纵纹，其后体色渐深，呈黄褐色到深褐色，纵纹渐渐隐没，

张扬 摄　　　　　　张扬 摄

图 1-135　台湾稻螟成虫（左）和幼虫（右）

与二化螟相似，但额略向下凹，似截断状；颊在左右两边各形成1个凸起，略呈三角形；第 5～7 腹节背面近前缘各有 1 个横列齿状小凸起；臀棘较显著，背方 4 刺，腹方 2 刺。

◉（二）蚊、蝇类钻蛀性害虫

我国稻田常见稻瘿蚊、稻秆蝇、稻小潜叶蝇、稻茎水蝇等钻蛀水稻茎、叶的蚊、蝇类害虫，在苗期或孕穗期危害较重，水稻抽穗后一般不再侵害或危害不大。

★ **15. 稻瘿蚊**［*Orseclia oryzae*（Wood-Mason）］

稻瘿蚊异名为 *Pachydiplosis oryza*（Wood-Mason），属双翅目，瘿蚊科。稻瘿蚊原仅在我国南方山区、丘陵地区发生或间歇性成灾，20 世纪 70～80 年代在广西等地上升为常发性害虫，在全国范围向北、向平原扩展。目前该虫分布于湖北、湖南、浙江、江苏、江西、福建、云南、贵州、广东、广西、海南、台湾等地，以广西、广东、福建、江西、湖南等地的山区晚稻受害较重，局部地区受害程度超过螟虫和稻纵卷叶螟。据不完全统计，

20 世纪 90 年代，全国每年水稻的受害面积约达 100 万公顷，损失稻谷 10 多亿千克。

〔为害对象〕 水稻、普通野生稻、游草等。

〔为害特点〕 幼虫蛀食水稻苗期生长点，幼穗分化后一般不再受害。受害初期无症状，待至产卵后 12～15 天稻苗才出现症状，即水稻生长点被破坏，葱管初成，心叶缩短，分蘖增多，茎基部膨大，再过 5～6 天后葱管抽出成"标葱"（图 1-136）。

图 1-136 稻瘿蚊为害初期症状（左）
和后期"标葱"（右）

〔形态特征〕

1）成虫：雌成虫体长 3.5～4.5 毫米，体为浅红色，密布细毛，触角黄色；雄虫略小，触角远较雌虫的长。

2）卵：长椭圆形，表面光滑。

3）幼虫：3 龄，似纺锤形，末龄幼虫头部两侧有 1 对很短的触角，第 2 节腹面中央有 1 根红褐色叉状骨。

4）蛹：头部有顶角 1 对，雌蛹长 4.5 毫米，橙红色，腹末渐细；雄蛹长 3.6 毫米，腹末突然收缩（图 1-137）。

成虫

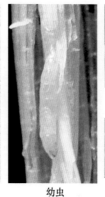
幼虫

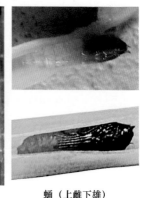
蛹（上雌下雄）

图1-137 稻瘿蚊各虫态

★ 16. 稻秆潜蝇（*Chlorops oryzae* Matsumura）

稻秆潜蝇别名稻秆蝇、稻钻心虫、双尾虫，属双翅目，秆蝇科。在国内分布于西南、华南、长江中下游地区，特别是山区、丘陵等气候较凉的地区发生较重；局部地区受害程度可能超过螟虫和稻纵卷叶螟。2017～2018年在湖南长沙等地大发生，有明显上升趋势。

〔为害对象〕 水稻、麦类、游草、稗、看麦娘和棒头草等禾本科植物。

〔为害特点〕 以幼虫钻入稻茎为害心叶、生长点及幼穗，一般初孵幼虫钻入后5～8天出现被害症状。苗期受害，被害心叶抽出后有椭圆形或长条形小孔洞，以后发展为纵裂长条，叶片破碎；主茎生长点受害，分蘖增多，植株变矮，抽穗延迟，穗头小，秕谷多；幼穗分化期受害，颖花退化，形不成正常谷粒，抽穗后表现为穗上部无谷粒，仅有少许退化发白的枝梗或畸形小颖壳，称为花白穗或雷打稻（图1-138），严重时，穗呈白色，直立不弯头，与螟害白穗似；抽穗后幼虫只取食叶鞘，仅造成一点小伤痕，水稻受害很轻。

叶片具有裂口　　　　　　　　"花穗"

图1-138　稻秆蝇为害状

【形态特征】

1）成虫：体长2.3~3毫米，鲜黄色，胸背有3条黑色粗大的纵斑，其两侧尚有短而细的黑色纵斑；腹部各节背面基部有黑褐色横带，第1腹节背面两侧各有1个黑褐色小斑点。

2）卵：长椭圆形。

3）幼虫：老熟时体长约10毫米，浅黄白色，有光泽，近纺锤形，前端略尖，口器为浅黑色，尾端分2叉。

4）蛹：长约6毫米，浅黄褐色，尾端分叉同幼虫（图1-139）。

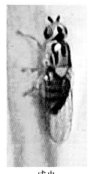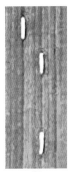

成虫　　　　　　卵　　　　　　幼虫　　　　　　蛹

图1-139　稻秆蝇各虫态

★ **17. 稻小潜叶蝇类**

稻小潜叶蝇是潜叶为害水稻的稻毛眼水蝇类害虫的通称，又称稻潜叶蝇，属于双翅目，水蝇科，在世界各地已知至少有 3 种，即稻叶毛眼水蝇（*Hydrellia sinica* Fan et Xia）、东方毛眼水蝇（*H. orientalis* Miyagi）和小灰毛眼水蝇［*H. griseola*（Fallén）］，我国仅有前 2 种分布。不同种类的毛眼水蝇形态相似，极易混淆。国内曾报道在东北和华北稻区为害水稻的稻小潜叶蝇［*H. griseola*（Fallén）］，经 1980 年范慈德等鉴定，实际上包括了为害水稻和麦类的稻叶毛眼水蝇（*H. sinica*）和为害麦类、青稞的麦鞘毛眼水蝇［*H. chinensis* Qi et Li］，而真正的 *H. griseola*（小灰毛眼水蝇）分布于南北美洲、欧洲及亚洲的日本，在我国尚未见分布。近年来的文献中，误把稻小潜叶蝇学名当作 *H. griseola* 的现象仍较常见，需引起注意。

稻小潜叶蝇类害虫是华北、东北水稻前期的重要害虫，在长江中下游早稻苗期偶发，其中稻叶毛眼水蝇常见于北方稻区和长江中下游，东方毛眼水蝇则见于安徽、湖南、福建、广西等南方稻区。21 世纪以来，稻小潜叶蝇在东北地区发生较重，如黑龙江虎林水稻普遍发生，一般受害稻苗减产 10%～20%，严重的可达 60%。

【为害对象】 除为害水稻外，还有大麦、小麦、燕麦、看麦娘、长芒看麦娘、日本看麦娘、李氏禾、稗、菌草、棒头草、狗牙根、东北甜茅、海荆三棱等禾本科、莎草科植物，还可取食毛茛科石龙芮、天南星科菖蒲等植物。

【为害特点】 以幼虫潜叶为害。幼虫钻入幼嫩稻叶，在上下表皮中间取食叶肉，残留叶表皮，受害叶片呈现不规则的白色条斑，在其中可见乳白色至黄白色长形无足的蛆形幼虫，每一叶片的潜虫少则 2～3 头，多则 7～8 头。受害处最初在叶面出现芝麻粒大小的弯曲"虫泡"，以后随着虫道的扩大和伸长，形成黄白色枯死斑，下部受害叶渗入田水，发生腐烂，严重时可使稻苗成片枯萎（图1-140）。

【形态特征】 不同种类的稻小潜叶蝇形态相似，极易混淆。以稻叶毛眼水蝇为例介绍如下。

1）成虫：体长2～3毫米，为青灰色小蝇。头部为暗灰色，额面为银白色，复眼为黑褐色，

图1-140 稻小潜叶蝇为害状
注：该图引自参考文献［14］。

被短毛；单眼3个；触角黑色3节，第3节短而呈椭圆形，有1根粗长的触角芒，芒上侧毛5～6根。头顶有单眼刺毛1对，头顶刺毛1对，额刺毛2对，其中1对长大，1对短小；颜面刺毛较小，有4对，颊刺毛1对较显著。胸背为长方形，前、中胸不明显，有刺毛6行。前翅为浅黑色透明，Sc脉和R脉分离，停息时重叠在背面；后翅退化为黄白色平衡棒；足灰黑色，中、后足仅第1跗节基部为黄褐色，其余均为暗色。腹部为长心脏形，雄蝇第5腹板基部最宽处有1个横隆条，其后缘有1对扁乳头状的小突。雌虫受精囊略呈圆柱状，横径为高的0.77倍。东方毛眼水蝇的区别在于中、后足除第1跗节基部为黄色外，转节、腿节膝部和跗节末端也为黄色；小灰毛眼水蝇的区别则在于雄虫第5腹板基部后缘无乳头状小突（图1-141），雌虫受精囊略呈横径与高相等的帽状。

2）卵：乳白色，长椭圆形，长约0.6毫米，宽约0.16毫米，卵粒上有细纵纹。

3）幼虫：无足蛆形，末龄体长3～4毫米，圆筒形，稍扁，

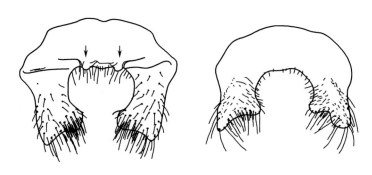

图 1-141 稻叶毛眼水蝇（左，箭头示基部乳状突）和小灰毛眼水蝇雄虫第 5 腹板（仿　范慈德）

头尾两端较细，体为乳黄色至乳白色，口器为黑色，胸内有 Y 形悬骨；虫体有 13 节，各节有黑褐色短刺带围绕，短刺带在负面稍凸起似足状；尾端有 2 个黑褐色气门突起。

4）蛹：蝇蛹长约 3.6 毫米，黄褐色或褐色，头胸背面呈斜切状，各节有黑褐色短刺带围绕，尾端也有 2 个黑色气门凸起（图 1-142）。

图 1-142 稻小潜叶蝇成虫（左）、蛹（中）和幼虫（右）

注：该图引自参考文献［14］。

★ 18. 稻茎水蝇类

稻茎水蝇是钻入稻茎为害心叶和幼穗的稻毛眼水蝇类害虫的通称，与稻小潜叶蝇同属双翅目、水蝇科、毛眼水蝇属，主要见于南方稻区。常见种类有稻茎毛眼水蝇（*Hydrellia sasakii* Yuasa et Ishitani）和菲岛毛眼水蝇（*H. philippina* Ferino）。其中，稻茎毛眼水蝇在国内见于安徽、福建、湖北、云南、江苏、湖南等省，20世纪90年代福建、江西、湖南和湖北等省的发生率普遍上升，成为局部地区的重要水稻害虫之一；据报道，在福建尤溪1990～2001年的调查发现，受害严重的田块穗被害率达20.0%～30.8%，产量损失达11.4%～17.6%。菲岛毛眼水蝇在国内见于广西、海南、贵州、湖南、福建、台湾、云南、浙江等地，20世纪70～80年代，曾在广西、福建、贵州等地局部成灾，之后罕有成灾报道。

〖为害对象〗 稻茎毛眼水蝇的寄主有水稻、李氏禾等；菲岛毛眼水蝇则为害水稻、茭白、李氏禾等。

〖为害特点〗 两种稻茎水蝇均以幼虫钻入稻茎内为害心叶和幼穗，偶见潜入叶内为害。苗期和分蘖期心叶受害，被啃心叶在被害处留下一层表皮，严重时在内部腐烂，刚伸出的被害叶有腥臭味；抽出后叶片被害处呈弧形缺刻、有孔洞，或干裂成条缝或变黄白色干枯（图1-143），重者烂叶；被害株光合作用能力下降，稻株生长缓慢矮化，成熟期推迟7～10天，且穗粒数减少，产量受损。孕穗期为害嫩

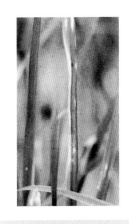

图1-143　菲岛毛眼水蝇为害状
注：该图引自参考文献［2］。

穗,常使稻穗腐烂发臭,能抽穗者也可能影响穗粒数和千粒重,产量降低;有的抽穗后颖壳变白,不能扬花结实,形成秕谷,常被误认为是稻蝽象为害。

【形态特征】

(1) 稻茎毛眼水蝇

1)成虫:雄虫体长2.06~2.62毫米,雌虫体长2.24~2.80毫米。头暗黑色,额被棕黄色的微毛,颜被银白色微毛,颊被银白色微毛。复眼为黑褐色至黑色,覆黄微毛;单眼鬃弱小,约为假单眼鬃的1/4长。触角为黑色,被棕黄色微毛;触角芒栉状,有5~7根侧毛。下颚须为金黄色。中胸背板和小盾片被棕黄色微毛;背侧板和侧片被灰白色微毛;具有4根背中鬃,但缝前的背中鬃仅为缝后背中鬃的1/4长。前足基节、各足转节和第1~3分跗节均为黄色,第4分跗节为褐色至黑褐色,第5分跗节为棕色;中后足基节、各足腿节为黑色。腹为暗黑色,背板被稀疏的棕黄色微毛,侧缘被灰白色微毛。雄虫第5腹板内、外叶均无齿,且内叶短于外叶。雄虫生殖器上生殖板宽大于长,两侧臂宽;尾须短粗;背针突愈合为一体,端半部分离,长约为宽的1.5倍,在基部中间有明显的背突,在1/2处的两侧具有细长的侧突;阳茎侧突的端突细长;阳茎呈漏斗状,基部宽,端部明显变窄;阳茎内突腹面观呈杆状,端部具不明显的分叉,侧面观端部有背突;雌虫受精囊呈圆柱状,横径为高的0.97倍。

2)卵:长约1.2毫米,长圆柱形,初产时为乳白色,近孵化时为米黄色,卵粒表面有细条纹。

3)幼虫:末龄时体长3~4毫米,圆筒形稍扁平,乳白色至黄白色,两端细,头部口钩为明显的黑色,腹部末端变细呈圆柱形,末端有2个尾刺突。

4)蛹:黄褐色,体长3~4毫米,末端有2个尾刺突(图1-144)。

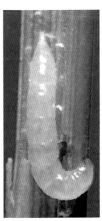

图1-144 菲岛毛眼水蝇成虫（左上）、卵（左下）、
蛹（中）和幼虫（右）

注：该图引自参考文献［2］。

（2）菲岛毛眼水蝇 与稻茎毛眼水蝇在形态上极为相似，成虫触角芒上侧毛数量、胸足颜色、雄虫第5腹板内叶形态、雄虫阳茎端部分叉和背针突侧突位置是区分二者的关键（表1-3）。

表1-3 稻茎毛眼水蝇与菲岛毛眼水蝇成虫的主要特征差异

项目	稻茎毛眼水蝇	菲岛毛眼水蝇
触角芒上侧毛	5~7 根	8 根
中后足基节和腿节颜色	基节、腿节均为黑色	基节为棕黄色，腿节为棕色
雄虫第5腹板内外叶	内、外叶均无齿，且内叶略短	外叶无齿，内叶顶端有5个小齿，且内叶略长
雄虫阳茎端部	分叉不明显	分叉明显
背针突侧突的位置	位于背针突的1/2处	位于背针突端部的1/3处

雄虫第5腹板的内、外叶还是区分上述两种水蝇与东方毛眼水蝇的重要特征，前两者的外叶均无齿（内叶仅菲岛毛眼水蝇有

5 个小齿），而东方毛眼水蝇的内、外叶分别具有 4 个、12 个小齿（图 1-145）。

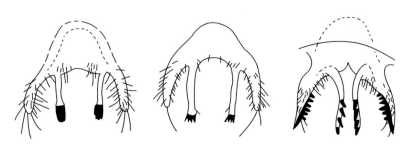

图 1-145 稻茎毛眼水蝇（左）、菲岛毛眼水蝇（中）和东方毛眼水蝇（右）雄虫第 5 腹板的腹面观（仿 罗肖南、黄邦侃）

◉（三）其他钻蛀性害虫

★ **19. 稻铁甲虫** [*Dicladispa armigera*（Olivier）]

稻铁甲虫属鞘翅目，铁甲科。虽然成虫啃食稻叶叶肉，但因幼虫钻蛀为害，暂归入钻蛀类。在我国分布于辽宁及以南的各稻区，20 世纪 50 年代以前在长江中下游及以南稻区几乎年年成灾，之后基本得到控制，但近年来仅局部地区发生较重。

【为害对象】 主要为害水稻，还可为害麦类、甘蔗、茭、游草和油菜等植物。

【为害特点】 幼虫潜入叶组织，在上下表皮间取食叶肉，受害处变成黄白色膜囊。成虫非钻蛀为害，而是啃食叶肉仅剩下表皮，呈白色条斑状（图 1-146），严重时全株枯死，全田

图 1-146 稻铁甲成虫（左）、幼虫（右）为害状
注：该图引自参考文献 [2]。

一片枯白。

【形态特征】

1）成虫：体长 4 ~ 5 毫米，黑色，有金属光泽，前胸背板两侧仅前缘各有 1 个瘤状突起，上生 4 根棘刺，两侧后缘也各有 1 根棘；鞘翅每侧生 20 ~ 21 根长短不一的棘。

2）卵：扁椭圆形，表面覆有黄褐色胶状物质。

3）幼虫：末龄幼虫体长 5 ~ 6 毫米，中胸至第 7 腹节背面有 2 横列瘤状小突起，腹部各节两侧外突呈三角形（图 1-147）。

图 1-147　稻铁甲成虫（左）和幼虫（右）
注：该图引自参考文献 [2]。

4）蛹：长 5 毫米，扁椭圆形，乳白色至深黄色。

三、水稻刺吸式害虫　>>>>

水稻刺吸式害虫以吸食水稻汁液为害，部分种类还是传播水稻病毒病的重要媒介，主要有稻飞虱、稻叶蝉、稻蝽、稻蓟马等类。前 3 种均属于半翅目，口器呈针状。稻飞虱属飞虱科，体型较小，前翅膜质，头较窄，触角基部两节膨大、粗壮，端部丝状，后足有跗节有可活动的"大距"（图 1-148 左），其中的褐飞虱、白背飞虱、灰飞虱均是水稻上最重要的一类害虫，体色一般为黄褐色至黑褐色。稻叶蝉则属叶蝉科，体型也较小，前翅膜质，但头较宽，触角丝状，后足跗节无"距"，且具有纵列小刺（图1-148中），重要种类有黑尾叶蝉、白翅叶蝉等，体色多为绿色或白色。稻蝽属于蝽科，在水稻穗期间歇性、局部为害，体型中等，前翅有两种不同质地，即革质区（较硬）和膜质区（图1-148右），重要种类有稻绿蝽、稻缘蝽、稻黑蝽等。稻蓟马属于缨翅目，是水稻苗期和分蘖期的常发性害虫，口器锉吸式，体型最小，肉眼难以看清细节，其翅狭长，前后缘有长缨毛。

距　　　　200μm
飞虱　　　　叶蝉　　　　蝽

图1-148　几种刺吸式害虫成虫

此外，稻田常见的刺吸式害虫还有稻赤斑沫蝉、稻白粉虱、稻蚜虫等间歇性、局部地区为害的半翅目害虫。

◎（一）稻飞虱类

稻飞虱类是稻田飞虱类害虫的统称。自20世纪70年代以来，稻飞虱上升为我国最主要的水稻害虫，年发生面积达800万～1000万公顷，20世纪80年代以来跃升至约1300万公顷，占水稻种植面积的1/2。

稻飞虱种类众多，但在我国造成严重危害的主要是褐飞虱、白背飞虱、灰飞虱3种，除灰飞虱是本地越冬虫源外，褐飞虱、白背飞虱均是典型的迁飞性害虫，是我国水稻当前最为重要的"两迁害虫"，长江流域及以南稻区连年受害。一年中3种飞虱的发生时间有所不同，在长江流域稻区，前期以灰飞虱为主，主要为害早稻分蘖期；中期以白背飞虱为主，主要为害早稻穗期和单季中、晚稻分蘖期；后期以褐飞虱为主，主要为害晚稻和单季中、晚稻穗期。但近年来，除西南地区外，白背飞虱数量迅速上升，在华南、长江流域大部分稻区的早、中、单晚甚至双季晚稻上均危害严重，已取代褐飞虱成为危害最大的稻飞虱种类。

图1-149 稻飞虱（白背飞虱）
为害造成的"黄塘"

稻飞虱对水稻的为害主要在3个方面：

① 大量虫口直接吸食水稻汁液，造成稻株营养成分和水分的大量丧失，被害稻田常先在田间出现"黄塘""穿顶""虱烧"，逐渐扩大成片，甚至全田枯死（图1-149、图1-150）。

图1-150 稻飞虱（褐飞虱）严重为害造成"穿顶"（左）
和整片"虱烧"（右）

② 稻飞虱还可以传播多种水稻病毒病造成间接为害（表1-4），其中灰飞虱传播的条纹叶枯病、黑条矮缩病等病害造成的危害甚至超过了其吸食稻株汁液造成的危害；白背飞虱传播的南方黑条矮缩病则是2001年发现的一种水稻病毒病，2009年开始在南方大面积发生，对水稻生产构成严重威胁（详见病害部分）。

表1-4　3种主要稻飞虱传播的主要水稻病毒病种类

稻飞虱种类	褐飞虱	白背飞虱	灰飞虱
所传病毒病名称	齿叶矮缩病、草丛矮缩病等	南方黑条矮缩病、黑条矮缩病等	条纹叶枯病、黑条矮缩病等

③ 稻飞虱吸食过程中还会排出大量的蜜露，沾满蜜露的叶片常滋生大量烟煤病（图1-151），影响叶片正常的生理功能；成虫产卵时刺穿组织，造成大量伤口，也为小球菌等病害的侵害提供有利条件。

图1-151　稻飞虱（白背飞虱）分泌蜜露滋生烟煤病

★ **20. 褐飞虱** [*Nilaparvata lugens* (Stål)]

褐飞虱别名稻褐飞虱、褐稻虱，分布于除黑龙江、内蒙古、青海和新疆以外的所有省区，尤以长江流域及以南的各省区发生量大。

〖为害对象〗 食性较单一，只为害水稻及普通野生稻等稻属植物。

〖为害特点〗 成虫、若虫都能为害，一般群集于稻丛基部（图1-152），密度很高时或迁出时才出现于稻叶上。用口器刺吸水稻汁液，消耗稻株营养和水分，并在茎秆上留下褐色伤痕、斑点，分泌蜜露引起叶片烟煤滋生，严重时，稻丛下部变为黑色（图1-152），逐渐全株枯萎。被害稻田常先在田中间出现"黄塘"，暂至"穿顶"或

图1-152 褐飞虱聚集稻丛基部为害并引起稻丛基部变黑

"虱烧"，甚至全田荒枯，造成严重减产或颗粒无收（图1-150）。此外，褐稻虱传播的齿叶矮缩病在福建、广东、江西一带较常见，表现为相应病害的症状（参见病害部分）。

〖形态特征〗

1）成虫：有长、短两种翅型，长翅型连翅长3.6~4.8毫米，前翅端部超过腹末；短翅型雌虫体长4毫米，雄虫约2.5毫米，前翅端部不超过腹末。体色分为深色型和浅色型，前者头与前胸背板、中胸背板均为褐色或黑褐色，后者全体为黄褐色，仅胸部腹面和腹部背面较暗（图1-153）。

2）卵：呈香蕉状，产于叶鞘或叶片中肋组织中，卵粒前端"卵帽"排列成整齐的一行，微露于水稻组织表面，卵粒间及卵

长翅雌虫

长翅雄虫

短翅雌虫

短翅雄虫

图1-153　褐飞虱成虫

粒与水稻组织间有胶质物紧密联结，2～3天后，卵块周围出现褐色短斑纹，呈明显的"产卵痕"；卵初产时为乳白色半透明，后前端出现红色眼点，近孵化时为浅黄色（图1-154）。

　　3）若虫：共5龄，体长分别为1.1毫米、1.5毫米、2毫米、2.4毫米和3.2毫米，腹背斑纹和翅芽也是区分各龄虫的主要特征。1、2龄腹部背面有浅色"T"形斑，均无翅芽，1龄若虫后胸后缘平直，2龄后胸两侧略向后伸；3～5龄若虫腹部第4、5节各有1对较大的浅色斑，7～9节的浅色斑呈"山"字形，3龄虫中、后胸开始有明显翅芽，呈"八"字形，但前翅芽末端不达后胸后缘；4龄若虫翅芽更明显，前翅芽末端伸达后胸后缘；5龄若虫前翅芽末端伸达腹部第3～4节，前后翅芽末端靠近或前翅芽略长。低龄若虫体色浅，呈灰白色或浅黄

图1-154　褐飞虱卵帽（左）和卵块（右）

色，高龄若虫有浅色型和深色型两类，前者体色灰白，体上斑纹较模糊，后者为黄褐色，斑纹清晰。若虫落水后，两后足近"一"字形，易与白背飞虱和灰飞虱若虫区别（图1-155）。

栖息于稻株上　　　　　落于水面后足近"一"字形

图1-155　褐飞虱若虫

★ **21. 白背飞虱** [*Sogatella furcifera*（Horvath）]

白背飞虱分布较褐飞虱广，广布于国内各稻区，长江流域及以南地区受害尤重，主要为害早稻、中稻和一季晚稻，近年来在长江中下游及华南稻区的发生程度上升，对晚稻也有严重危害，在全国的发生面积已超过褐飞虱而居稻飞虱类害虫之首。

【为害对象】为害对象较褐飞虱多，但最喜为害水稻，也为害野生稻、茭白、甘蔗、稗草、狗尾草、看麦娘、游草、麦类等禾本科植物。

【为害特点】与"褐飞虱"相似，但成虫、若虫在稻株上的分布位置较褐飞虱稍高，虫口大时受害水稻大量丧失水分和养料，上层稻叶黄化，下层叶则黏附飞虱分泌的蜜露而滋生烟煤（图1-151），严重时稻叶变黑枯死，并逐渐全株枯萎。被害稻田渐现"黄塘""穿顶"或"虱烧"，造成严重减产或颗粒无收（图1-149）。2001年发现该虫传播南方水稻黑条矮缩病，其危害有时超过白背飞虱的直接取食危害（详见南方水稻黑条矮缩病）。

【形态特征】

1）成虫：有长、短两种翅型，雌虫长翅型连体长4.0～4.6毫米，短翅型约3.5毫米（图1-156），雄虫一般为长翅型，连体长3.2～3.6毫米，短翅型罕见，长2.7～3.0毫米。头顶、前胸背板、中胸背板中域黄白色，整体上头胸部背面看起来有1条黄白色的纵带；头顶为长方形，长度为基部宽度的1.33倍，额以中部最宽。前胸背板侧区在复眼后方具有新月形暗褐色斑，前翅有黑褐色翅斑。雄虫中胸背板侧区为黑褐色，面部额、颊、唇基为黑色，脊为黄白色，胸部腹面及整个腹部也为黑色。雌虫中胸背板侧区为黄褐色或橙红色，整个面部、胸、腹部腹面为黄褐色。该虫在稻田有近似种——稗飞虱 [*S. longifurcifera*（Esaki et

Ishihara）〕，区别在于稗飞虱雄虫额与唇基为浅黄色，颊区为黑褐色，雌虫无翅斑。

长翅雌虫　　　　　　　　　　长翅雄虫

短翅雌虫　　　　　　　　　　短翅雄虫

图1-156　白背飞虱成虫

2）卵：长椭圆形，数粒至数十粒成单行排列成卵条，位于叶鞘和中脉组织内，各卵顶端较褐飞虱卵尖且相互间分开，不露出或稍露出稻株组织，产卵痕微裂。卵初产时为乳白色，后为浅黄色，具有红色眼点（图1-157）。

3）若虫：5龄，体为灰褐色至灰黑色，体长分别为1.1毫

米、1.3毫米、1.4~2.0
毫米、1.5~2.2毫米和
2.0~3.1毫米。此外，
腹背斑纹和翅芽是区分
各龄的主要特征。1龄
虫各节间和中线为浅色，
呈较清晰的"丰"字形
斑纹；2龄后胸两侧略
向后延伸，虫腹背为灰
褐色，第2、3腹节为浅
褐色，各节间和中线仍
为浅色、较清晰，以后
各龄的特性仍保持不变；

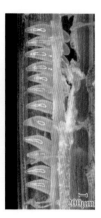

图1-157　白背飞虱产卵痕（左）
和卵块（右）

3龄翅芽明显出现，第3、4腹节背面各嵌有1对乳白色的近三角
形斑纹；4龄前后翅芽长度相等，乳白色三角形斑纹清楚；5龄
虫前翅芽尖端超过后翅芽尖端，斑纹同4龄。若虫落水，两后足
呈"八"字形，可与褐飞虱和灰飞虱区分（图1-158）。

栖息于稻株上　　　　　　　落于水面后足呈"八"字形

图1-158　白背飞虱若虫

★ **22. 灰飞虱** ［*Laodelphax striatellus*（Fallén）］

灰飞虱在全国各稻区均有分布，以长江中下游及华北稻区发生较多，主要为害早、中稻秧苗和本田分蘖期、晚稻穗期。长江中下游一般在早稻上数量较多，局部地区晚稻穗期成灾。

【为害对象】 除为害水稻外，还有大麦、小麦、玉米、稗、李氏禾、狗尾草、千金子、双穗雀稗等禾本科植物。

【为害特点】 成虫、若虫都以口器刺吸水稻汁液为害，一般群集于稻丛中上部叶片，近年发现部分稻区水稻穗部受害也较严重。虫口大时，稻株汁液大量丧失而枯黄，同时因大量蜜露洒落附近叶片或穗子上而滋生霉菌（图1-159），但较少出现类似褐飞虱和白背飞虱的"虱烧""冒穿"等症状。灰飞虱是传播条纹叶枯病、黑条矮缩病等重要水稻病毒病的媒介，所造成的危害常高于直接吸食的危害，被害株表现为相应的病害特征（参见病害部分）。

图1-159 灰飞虱在水稻穗部为害

【形态特征】

1）成虫：有长、短两种翅型，长翅型连翅长雄虫3.5毫米，雌虫约4毫米；短翅型雄虫长2.3毫米，雌虫长2.5毫米，均较褐飞虱略小。成虫额、颊为黑色；雌虫头顶、前胸背板为黄色，中胸背板为浅黄色，两侧为暗褐色，在整体上可见头胸部背面有黄色或浅黄色纵带；雄虫仅头顶、前胸背板为黄色，中胸背板为深黑色（图1-160）。

2）卵：长椭圆形，稍弯曲，前端细于后端。卵粒前端"卵

长翅雌虫

长翅雄虫

短翅雌虫

短翅雄虫

图 1-160　灰飞虱成虫

帽"微露于水稻组织表面，卵粒间及卵粒与水稻组织间有胶质物
紧密联结，与褐飞虱相似，但卵粒数一般相对较少（图 1-161）。

　　3）若虫：5 龄，胸背面沿正中有纵行浅色部分，后端与腹
部背面中央以浅色的中纵线相连，腹部 4、5 节有"八"字形浅
色斑纹，附近有一个较周围色浅的区域，腹部各节分界明显，腹

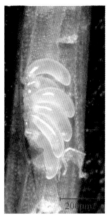

图1-161　灰飞虱卵帽（左）和卵块（右）

节间有白色的细环圈；落水若虫后足向后伸呈"八"字形，其张开角度小于白背飞虱（图1-162）。

栖息于稻株上　　　　　落于水面后足呈"八"字形

图1-162　灰飞虱若虫

◉（二）稻叶蝉类

稻叶蝉类是为害水稻的叶蝉类昆虫的统称，是我国水稻的重要害虫，广泛分布于各稻区，尤以南方稻区发生较重，同灰飞虱类似，除直接取食为害外，还传播水稻病毒病，其危害程度常超过直接吸食。以黑尾叶蝉［*Nephotettix cincticeps*（Fabricius）］发生最为普遍，但在广东、广西、云南、四川南部等地，二点黑尾叶蝉［*N. virescens*（Distant）］或二条黑尾叶蝉［*N. apicalis*（Mots.）］为优势种，其数量多于黑尾叶蝉。此外，局部地区也有白翅叶蝉（*Thaia rubiginosa* Kuoh）、小绿叶蝉［*Empoasca flavescens*（Fabricius）］、电光叶蝉（*Deltocephalus dorsalis* Mots）和大白叶蝉（*Tettigoniella spectra* Distant）等发生。

★ **23. 黑尾叶蝉**［*Nephotettix cincticeps*（Fabricius）］

黑尾叶蝉异名为 *N. bipunctatus*（Fabricius），别名黑尾浮尘子，广泛分布于我国各稻区，尤以长江流域发生较多，是我国稻叶蝉的优势种。

【为害对象】 在稻区主要为害水稻，无稻地区主要为害小麦，此外还可为害茭白、甘蔗、稗、看麦娘、游草、狗尾草、双穗雀稗、马唐等禾本科植物。

【为害特点】 成虫、若虫均以针状口器刺吸稻株汁液。水稻分蘖期多集中于稻丛基部，被害处呈现许多褐色斑点，严重时植株发黄或枯死（图1-163），甚至倒伏；穗期还会集中于叶片和穗子，造成半枯穗或白穗。

通常情况下黑尾叶蝉吸食危害往往不及其传播水稻病毒病的危害严重，传播的病害有水稻普通矮缩病、黄矮病、黄萎病、簇矮病、瘤

图1-163　黑尾叶蝉为害状

矮病和东格鲁病等多种，被传毒的稻株表现为病毒病症状（参见病害部分）。

〔形态特征〕

1）成虫：黑尾叶蝉成虫连翅长 4.5 ~ 6 毫米，黄绿色，头冠2 复眼间有 1 条黑色横带；雌、雄异型，雄虫前翅端部的 1/3 为黑色，形似"黑尾"，虫体腹面与腹部背面均为黑色，雌虫前翅端部为浅黄绿色，虫体腹面为蒿黄色，腹背为浅黄色（图 1-164）。黑尾叶蝉与稻田近似种二点黑尾叶蝉、二条黑尾叶蝉雌虫难以区分，雄虫均有"黑尾"，可依据头冠复眼间的亚缘黑带及前翅中部的黑斑来区分，其中黑尾叶蝉复眼间有窄的亚缘黑带，前翅中部无黑斑（图 1-164）。二点黑尾叶蝉复眼间无亚缘黑带，绝大多数个体前翅中部有 1 对黑斑，少数个体翅中部无黑斑（图 1-165）。二条黑尾叶蝉复眼间有亚缘黑带，前翅中部的黑斑较二点黑尾叶蝉的大，且沿爪缝向后延伸（图 1-166）。

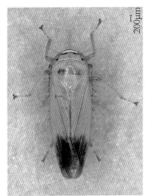

雌虫　　　　　雄虫（黑尾，复眼间有亚缘黑带）

图 1-164　黑尾叶蝉成虫

2）卵：长椭圆形，微弯曲，位于叶鞘边缘内侧的组织内或叶片中肋内，呈单行排列成卵块，各卵粒间分离，较多地露出水稻组织（图1-167）。

图1-165 二点黑尾叶蝉雄成虫（复眼间无亚缘黑带，左图示翅中部有黑点，右图示翅中部无黑点）

注：该图引自参考文献［2］。

图1-166 二条黑尾叶蝉雄虫（复眼间有亚缘黑带，翅中部有条形黑斑）

注：该图引自参考文献［2］。

3）若虫：5龄，末龄若虫体为黄绿色，头部后端及中、后胸背面各有1对倒"八"字形褐纹，3~8腹节背面各有5个小黑点（图1-168）。

图1-167 叶蝉卵

注：该图引自参考文献［2］。

图1-168 黑尾叶蝉若虫

● （三）稻蓟马类

稻蓟马类是为害水稻的蓟马类害虫的统称，主要为害水稻幼嫩叶片，部分种类还能在穗部颖花内取食为害。我国主要有稻蓟马、稻管蓟马、花蓟马和禾蓟马4种，均属缨翅目，其中稻管蓟马属管蓟马科，另外3种均属蓟马科。稻蓟马分布于长江流域及华南等南方稻区，稻管蓟马则遍及全国各稻区，花蓟马主要为害华南稻区，禾蓟马则在贵州、湖南、湖北、江苏等长江流域稻区为害。

★ **24. 稻蓟马** ［*Stenchaetothrips biformis*（Bagnal）］

稻蓟马异名为 *Chloethrips oryzae*（Williams），*Thrips oryzae* Williams，是水稻生长前期的重要害虫。

〔为害对象〕 主要为害水稻，尤喜为害苗期和分蘖期水稻，还能取食小麦、玉米、游草、稗草、看麦娘等植物。

〔为害特点〕 成虫、若虫均锉伤稻叶表皮，吸食水稻汁液。苗期和分蘖期叶片受害后，初期叶面出现白色至黄褐色的小斑痕，继而叶尖因失水而纵卷、尖枯，且在受害叶片中常可见大量的蓟马活动（图1-169），严重时会造成全叶失绿甚至全片稻苗叶片失绿、枯卷（图1-170）。

图1-169 稻蓟马群集为害（左）
及引起的卷叶、失绿斑（右）

图1-170 稻蓟马为
害田间状

143

〔形态特征〕

1）成虫：体型微小，体长1.0~1.3毫米，体为黑褐色，触角7节，第2节端及第3、4节色浅，其余各节为褐色；前胸背板两侧的后缘角各有1对长鬃，前翅为深灰色，近基部色浅，上脉端鬃3条，下脉鬃11~13条。

2）卵：肾圆形，初产时白色透明，后为浅黄色。

3）若虫：共4龄，低龄虫近白色，高龄虫为浅黄绿色至黄褐色（图1-171）。

图1-171 稻蓟马成虫（左）、卵（中）和若虫（右）

★ **25. 稻管蓟马**〔*Haplothrips aculeatus*（Fabicius）〕

〔为害对象〕 食性较广，主要在水稻抽穗扬花期或穗期为害，平常可以为害高粱、小麦或棉花等其他作物。在水稻扬花期或穗期为害的还有花蓟马〔*Frankliniella intonsa*（Trybom）〕和禾蓟马（*F. tenuicoenis* Uzel），二者平时也在高粱、小麦或棉花等其他作物上为害。

〔为害特点〕 多在水稻颖花内取食、产卵和繁殖，被害穗出现不实粒。

〔形态特征〕

1）成虫：体为黑褐色同稻蓟马，但体型稍大，长1.7~2.2

毫米，触角 8 节，第 1、2、7、8 节为深褐色，其余各节略浅；前翅无色透明，纵脉消失，翅中部缢缩，后缘近端部有间插鬃 5 ~ 7 根；腹部末端管状，长度略短于头长，末端有 6 条鬃（图 1-172）。

2）卵：长椭圆形，初产时为白色，略透明，后为橙黄色。

3）若虫：浅黄绿色至黄褐色。

宋亚坤　摄

图 1-172　稻管蓟马成虫

◉ （四）稻蝽类

稻蝽类是在我国为害水稻的椿象类害虫的统称，属于半翅目的蝽科、缘蝽科两个科，常见的有稻绿蝽、稻黑蝽、大稻缘蝽、稻棘缘蝽等，均属于局部地区间歇性为害的害虫，其中前两种属于蝽科，后两种属于缘蝽科。

★ **26. 稻绿蝽** ［*Nezara viridula*（Linnaeus）］

稻绿蝽在世界广泛分布，但我国主要在南方稻区局部成灾。

【为害对象】为害对象较广，除为害水稻之外，还为害麦类、玉米、豆类、棉花、烟草、花卉及多种杂草。

【为害特点】成虫、若虫主要在水稻穗部群集为害。平时一般在周边杂草和其他作物上为害，在水稻穗期大量迁入稻田，因此，水稻孕穗期以后受害较重，且山区或周边杂草丰富的稻田发生量较多。水稻幼穗受害，幼穗抽出后出现花白穗或白穗；灌浆期受害则出现空瘪粒（图 1-173）。

图 1-173　稻绿蝽为害引起空瘪粒

[形态特征]

1）成虫：雄成虫体长 11.5 ~ 14 毫米，雌成虫体长 12.5 ~ 15.5 毫米，具有多种不同色型。基本色型的个体全体为绿色或除头前半区与前胸背板前缘区为黄色外，其余为绿色，部分个体也表现为虫体大部分为橘红色或除头胸背面具有浅黄色或白色斑纹外，其余为黑色（图 1-174）。前两种色型的虫体背部小盾片基部可见 3 个横列浅色小斑点，与前翅爪片基部的小黑点排成一直列。

图 1-174　稻绿蝽成虫常见色型

2）卵：圆形，具有卵帽，2 ~ 6 列整齐排列成卵块，每块卵 30 ~ 70 粒（图 1-175）。

3）若虫：5 龄，各龄若虫背部均有红斑、白斑或黄斑（图 1-176），但色型不同的成虫后代有所变异。

图 1-175　稻绿蝽卵

图 1-176　稻绿蝽若虫（其中左图为 1 龄，部分开始脱皮；右上为 3 龄，右下为 4 龄）

★ 27. 稻黑蝽［*Scotinophara lurida*（Burmeister）］

稻黑蝽分布北限为河北南部，山东和江苏北部偶见，长江以南各省较普遍。

〔为害对象〕 主要为害水稻，也为害麦类、玉米、粟、甘蔗、豆类、马铃薯、柑橘及多种杂草。

〔为害特点〕 成虫、若虫均以刺吸式口器取食水稻叶片、茎秆、穗的汁液，尤喜在穗部吸食为害。水稻苗期和分蘖期受害，被害处呈现黄斑，严重时水稻矮缩，穗期则造成不实粒。

〔形态特征〕

1）成虫：雄成虫体长4.5~8.5毫米，雌成虫体长9.0~9.5毫米；全体为黑褐色或灰黑色，小盾片舌形，几乎到达腹末，基部两侧各有1个浅色小点；前盾片两侧各有1个横刺，两侧角有1个短而钝的凸起（图1-177）。

2）卵：呈杯状，1~2列聚成卵块，每块卵5~16粒（图1-178）。

图1-177 稻黑蝽成虫

图1-178 稻黑蝽卵（已孵出）
与初孵若虫

3）若虫：5龄，初孵若虫聚集于卵块附近，卵圆形，红褐

147

色（图1-178）；末龄若虫体为灰褐色，与成虫相似，4~6腹节各有1对臭腺。

★ 28. 大稻缘蝽 [*Leptocorisa acuta*（Thunb.）]

大稻缘蝽又名稻蛛缘蝽、稻穗缘蝽，在我国广西、广东、海南、云南、台湾等省区发生较普遍。

【为害对象】 主要为害水稻、麦类、玉米、甘蔗、豆类和多种禾本科杂草。

【为害特点】 成虫、若虫喜在灌浆至乳熟期的稻穗及穗茎上取食，造成秕粒或白穗。

【形态特征】

1）成虫：雄成虫体长15~16毫米，雌成虫体长16~17毫米，茶褐色略带绿色或黄绿色；头部向前伸出，前胸背板长略大于宽，布满深褐色刻点，正中有1条刻点稀疏的纵纹，小盾片呈长三角形（图1-179）。

2）卵：椭圆形，无明显卵盖，底面圆平，浅黄褐色至黑褐色，具有光泽（图1-180）。

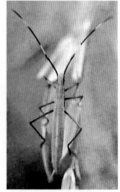

图1-179 大稻缘蝽成虫
注：该图引自参考文献［2］

图1-180 大稻缘蝽卵（左）和若虫（右）
注：该图引自参考文献［2］

3）若虫：共5龄，体为浅绿色（图1-180），高龄若虫第4、5腹节背面后缘有圆形臭腺。

★ **29. 稻棘缘蝽**（*Cletus punctiger* Dallas）

稻棘缘蝽又名稻针缘蝽、黑棘缘蝽，在我国主要分布于南方稻区。

〔为害对象〕　主要为害水稻、麦类、玉米、粟、甘蔗、蚕豆和大豆等作物，以及狗尾草、稗草等多种禾本科杂草。

〔为害特点〕　成虫、若虫喜在灌浆至乳熟期的稻穗及穗茎上群集为害，造成秕粒。

〔形态特征〕

1）成虫：体为黄褐色，狭长，但相对大稻缘蝽粗短。成虫体长9.5～11毫米，宽2.8～3.5毫米；头顶中央有短纵沟，头顶及前胸背板前缘有黑色小粒点，触角第4节呈纺锤形；前胸背板侧角细长，稍向上翘，末端黑，爪片端部有1个白点（图1-181）。

2）卵：似杏核，全体具有光泽，卵底中央有1个圆形浅凹（图1-182）。

图1-181　稻棘缘蝽成虫

图1-182　稻棘缘蝽卵和若虫
（右上角示已孵空卵壳）

3）若虫：共5龄，3龄前长椭圆形（图1-182），4龄后狭长形，似成虫，体为黄褐色带绿，腹部具有红色毛点。

◉（五）其他刺吸式害虫

稻蚜虫、稻赤斑叶蝉、稻白粉虱等刺吸式害虫也是我国常见的水稻刺吸式害虫，在局部地区发生较重。

★ **30. 麦长管蚜**［*Sitobion avenae*（Fabricius）］

麦长管蚜异名为*Macrosiphum avenae*（Fabricius），属半翅目，蚜科，是我国较为重要的稻蚜虫类害虫，分布于全国各麦区及部分稻区，近年来在局部地区（如浙江温岭）的稻田为害呈上升趋势，危害严重。

〔为害对象〕 水稻、小麦等。

〔为害特点〕 成虫、若虫刺吸水稻茎叶、嫩穗，直接影响水稻生长发育。同时，分泌蜜露引发霉病，导致全穗变黑，秕谷率上升，千粒重下降，严重影响水稻的产量和品质。

〔形态特征〕 成蚜分无翅蚜和有翅蚜两种类型（图1-183），

无翅成、若蚜　　　　　　　　有翅蚜

图1-183　麦长管蚜

注："有翅蚜"图引自参考文献［2］。

无翅蚜体长约 3.1 毫米，腹部为浅绿色至绿色，有的为橘红色；腹管呈长筒形、黑色，端部有网纹；尾片长 0.43 毫米，有毛 7～8 根。有翅蚜前翅中脉分叉 2 次，触角第 3 节长 0.66 毫米，有感觉圈 10～13 个。

★ **31. 稻赤斑沫蝉** [*Callitetix versicolor*（Fabricius）]

稻赤斑沫蝉别名赤斑沫蝉、稻赤斑黑沫蝉、稻沫蝉，俗称雷火虫，属半翅目，沫蝉科，分布于河南、陕西以南的广大稻区，在湖南、安徽、陕西、四川、重庆、贵州等地曾局部成灾。

【为害对象】 主要为害水稻，也为害高粱、玉米、红薯、黄豆、甘蔗、油菜、丝茅草、空心莲子草、马唐、加拿大蓬、田边菊、荆棘条、桑树等。

【为害特点】 在稻田的危害由田边向田中扩展，呈聚集分布，受害部位多集中在嫩绿的稻株上部叶片。成虫刺吸寄主剑叶及倒 2、3 叶的汁液，若无外力作用时很少移动，被害处开始隐约可见黄白色小斑点，随着时间的推移，稻叶尖失水变黄，并逐渐向下延长成条状色斑，色斑局限在主脉与边缘之间，呈黄褐色或红褐色，严重时全叶失水焦枯，似火烧状。苗期被害，分蘖减少；抽穗前被害，植株矮小；孕穗前被害，常不易抽穗；孕穗后受害，造成空壳增多，千粒重下降，成熟期推迟。受害轻的，早期表现稻叶枯黄，后期谷穗短小；受害重的，稻叶完全枯死，以后所发分蘖都是无效分蘖，不能抽穗结实。

【形态特征】

1）成虫：体长 11～13.5 毫米，黑色狭长，有光泽，前翅合拢时两侧近平行；头冠稍凸，复眼为黑褐色，单眼为黄红色，小盾片呈三角形，后端具有 1 个大的梭形凹陷；前翅黑色，近基部有 2 个大白斑，雌性近端部有 2 个一大一小的红斑，雄性有肾状大红斑 1 个（图 1-184）。

2）卵：长椭圆形，乳白色。

3）若虫：共 5 龄，形似成虫，初为乳白色，后为浅黑色，体表四周具有泡沫状液。

★ 32. 稻白粉虱 (*Aleurocybotus indicus* David *et* Subramaniam)

稻白粉虱异名为 *Bemisia* sp.，属半翅目，粉虱科，别称稻粉虱。1991 年在福建省闽中、闽东稻区被发现，之后偶见于湖南、江西、浙江局部地区。

〔为害对象〕 水稻、甘蔗、玉米、马唐、稗草和千金子等禾本科植物。

〔为害特点〕 成虫、若虫用口针吸食稻叶汁液，同时排泄蜜露，造成稻叶变黑、枯萎霉烂或诱发煤烟病。

〔形态特征〕

1）成虫：体微小，雌成虫体长约 0.71 毫米，雄成虫体长约 0.64 毫米，成虫羽化后 5~6 天身体与翅面均覆盖白色蜡粉，触角基节膨大（图 1-185）。

2）若虫：3 龄，体椭圆形，1 龄若虫胸足 3 对，触角发达，2、3 龄触角和足退化，3 龄后进入拟蛹期。

图 1-184 稻赤斑沫蝉成虫

图 1-185 稻白粉虱成虫
注：该图引自参考文献 [5]。

3）蛹：蛹壳长约 0.92 毫米，宽 0.38 毫米，椭圆形。

四、水稻食根类害虫 >>>>

水稻食根类害虫包括稻象甲类、稻根叶甲类、蝼蛄类、稻水蝇蛆等害虫。一般成虫为害稻叶，幼虫为害稻根，但以幼虫为害根为主。

◉（一）稻象甲类

我国稻象甲类害虫主要有稻象甲和稻水象甲两种，均属鞘翅目，象甲科。

★ 33. 稻象甲（*Echinocnemus squameus* Billberg）

稻象甲异名为 *E. bipunctatus* Roelofs，别名稻象、稻根象、水稻象鼻虫，广布于全国各稻区。20 世纪 50 年代曾是江西、湖南、湖北、浙江等省的主要稻虫之一；其后一度基本得到控制，但随着耕作制度、栽培方式、农药品种等的变化，尤其是停止使用对稻象甲具有特效的有机氯农药后，该虫在长江流域及以南稻区有回升趋势；20 世纪 90 年代已成为广西、湖北、安徽、江西、上海等省区部分地区的重要水稻害虫。

〔为害对象〕 主要为害水稻，也能为害麦类、玉米、油菜、棉花、瓜类、甘薯、番茄、甘蓝等作物及稗草、光头稗、李氏禾、看麦娘、香附、泽泻、水马齿、浮叶眼子菜等杂草。

〔为害特点〕 成虫、幼虫均能为害水稻，前者为害心叶和嫩茎，后者喜食幼嫩须根，以后者危害最为严重。成虫为害心叶抽出后呈现一排小孔，严重时造成断心断叶，折断叶片飘浮水面（图 1-186）。幼虫为害稻根，轻时叶尖发黄，影响稻株长势，后虽可抽穗，但成熟不齐；危害严重时，植株分蘖能力降低，矮缩甚至枯死，成穗数和穗粒数减少，甚至不能抽穗，秕谷增多，千粒重和碾米率降低，最终导致减产。

153

〔形态特征〕

1）成虫：体长 5～5.5 毫米，有深浅不同的色型，黄褐色至暗褐色，鞘翅上各有 10 条细纵沟，内侧 3 条色稍深，后部约 1/3 处有 1 对由白色鳞片形成的长方形斑；触角为黑褐色，生于喙近端部，被细绒毛；各足胫节正常，内缘有 1 排刚毛，无长毛（图 1-187）。

2）卵：白色或灰色，椭圆形。

3）幼虫：末龄幼虫为乳白色，体长约 9 毫米，肥壮多皱折，略弯，背面无凸起。

图 1-186　稻象甲成虫为害
引起叶片有圆孔、易折
注：该图引自参考文献 [14]。

4）蛹：长 5mm，离蛹位于土室内，腹面多细皱纹，初为白色，后变为灰色（图 1-188）。

图 1-187　稻象甲成虫
（自左至右，体色变深）

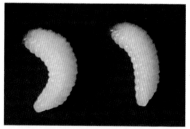

图 1-188　稻象甲幼虫
注：该图引自参考文献 [17]。

★ **34. 稻水象甲**（*Lissorhoptrus oryzophilus* Kuschel）

稻水象甲别名稻水象、美洲稻象甲、伪稻水象，原产于美洲，在我国属全国二类检疫性害虫。自 1988 年在河北唐山首次发现后，先后在台湾、天津、北京、辽宁、山东、浙江、吉林、福建、安徽、湖南、山西、陕西、云南、江西、贵州、新疆等地发现，是我国值得注意的重要水稻新害虫。

〔为害对象〕　为害对象较多，成虫可取食 13 科 100 多种植物，幼虫能在 6 科 30 余种植物上完成发育，喜食禾本科植物，在稻田嗜好在稗草上取食和产卵。

〔为害特点〕　与稻象甲一样，成虫、幼虫分别为害稻叶、稻根。区别在于：稻水象甲成虫主要沿叶脉啃食叶肉，被害叶形成长短不等的白色条斑；幼虫食根，低龄幼虫蛀食使稻根成空筒，高龄幼虫在外部咬食致断根（图 1-189）。

成虫为害的叶片

幼虫为害的根
（老根被食后长出白色新根）

图 1-189　稻水象甲为害状

移栽不久的稻秧被害后易形成浮秧。受害植株根系发育不良，分蘖减少，植株矮小，光合效率下降，产量受损。成虫一般不造成严重危害，幼虫为害根系是造成产量损失的主要原因。

〔形态特征〕

1）成虫：较稻象甲小，成虫体长 2.5 ~ 3 毫米；体表被覆浅绿色至灰褐色鳞片，从前胸背板端部至基部有 1 个由黑鳞片组成的大口瓶状暗斑，沿鞘翅基部向下至鞘翅 3/4 处有 1 个黑斑，无小盾片；触角生于喙中间偏前，赤褐色，仅端部密生细毛，基部光滑；中足胫节两侧各有 1 排长游泳毛（图 1-190）。

2）卵：白色，长圆柱形。

3）幼虫：共 4 龄，白色无足，末龄体长 8～10 毫米，在第 2～7 腹节背面各有 1 对锥状凸起，每个凸起中央有 1 个羊角状呼吸管，凸起与呼吸管均可伸缩（图 1-191）。

4）蛹：老熟幼虫在活稻根上做土茧化蛹，茧内充满气体并与稻根通气组织相通，蛹体为白色（图 1-192）。

图 1-190 稻水象甲成虫

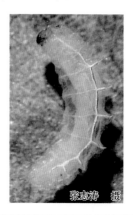

图 1-191 稻水象甲幼虫

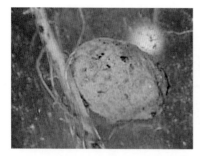

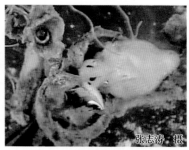

图 1-192 稻水象甲土茧（上）与剥出的蛹（下，可见气泡）

（二）稻根叶甲类

稻根叶甲类是为害水稻的叶甲类害虫的统称，属于鞘翅目，叶甲科。以幼虫取食稻根、成虫取食叶片，别名稻食根叶甲、稻食根虫、稻根金花虫、稻水叶甲等。我国分布有4种：长腿食根叶甲（*Donacia provosti* Fairmaire）、短腿食根叶甲（*D. frontalis*）、多齿食根叶甲（*D. lenzi*）和云南食根叶甲（*D. tuberfrons*）。其中长腿食根叶甲分布最广，各稻区均有分布，危害相对最重；短腿食根叶甲分布于黑龙江、北京、河北、山西、江苏、江西、福建、广西；多齿食根叶甲分布于江苏、安徽、湖北、江西、湖南、台湾；云南食根叶甲分布于云南、四川。

★ 35. 长腿食根叶甲（*Donacia provosti* Fairmaire）

长腿食根叶甲又名稻根叶甲、长腿水叶甲，分布于我国多数稻区，是我国局部地区重要害虫，危害较重，如2000年该虫在贵州雷山县雷公山地区一度猖獗，每亩稻谷损失达200～250千克。

【为害对象】　水稻、茭白、矮慈姑、莲藕、稗、眼子菜、鸭舌草等。

【为害特点】　幼虫为害须根，成虫取食叶片。以幼虫危害较重，受害后的稻叶窄直，植株矮小，叶片发黄（图1-193），穗短青粒多，白根数少，须根短小（图1-194），容易拔起，严重时造成整穴死苗。

图1-193　稻食根叶甲幼虫为害状
注：该图引自参考文献［14］。

【形态特征】

1）成虫：体长6～9毫米，绿褐色、有金属光泽，腹面有银白色厚密绒毛（图1-195）。头部为铜绿色至紫黑色；触角第2节显著短于第3节，各分节基部为棕红色或浅棕色，端部为黑褐色；前胸背板近正方形；鞘翅底色棕黄，有刻点排成的纵沟，翅端平切；后足细长，腿节基部细狭，亮蓝色，中后部膨大，端部有1个大齿。与其他3种食根叶甲的区别在于：短腿食根叶甲后足腿节短，端部之齿较小；多齿食根叶甲触角第2节与第3节长度接近，后腿节端部除1个大齿外，尚有若干小齿，鞘翅全部为金属色，无棕黄底色；云南食根叶甲头顶沟两侧明显隆起呈紫红色。

2）卵：长椭圆形，光滑稍扁平，排成卵块状，乳白色至浅黄色，每块约20粒。

3）幼虫：末龄幼虫长9~10毫米，白色，头小，腹部肥大，体形稍弯曲；胸足3对，无腹足，尾端有1对气门特化成的爪状尾钩。

4）蛹：老熟幼虫在根际结椭圆形红褐色胶质薄茧化蛹（图1-194）。蛹常约8毫米，白色。

图1-194 稻食根叶甲被害根及蛹
注：该图引自参考文献［14］。

图1-195 稻食根叶甲成虫
注：该图引自参考文献［14］。

◉（三）其他食根类害虫

★ **36. 非洲蝼蛄**（*Gryllotalpa africana* Pailisot de Beauvois）

非洲蝼蛄属直翅目，蝼蛄科，在我国各稻区均有分布，但尤以南方发生较普遍，在局部地区对水稻造成危害。

〔为害对象〕 其为害对象很广，除田边及落水晒田的水稻田或旱稻，还为害麦类、高粱、玉米、谷子、甘蔗、烟草、蔬菜、瓜类、果树、林木苗圃等。

〔为害特点〕 成虫、若虫均钻入稻丛基部咬断水稻嫩茎和根系，受害稻株附近常有钻蛀的隧洞口，受害苗枯萎、倒伏、枯黄，成为枯死苗或白穗（图1-196），切口一般不整齐而杂乱、多须（图1-197）。

图1-196 非洲蝼蛄
为害的稻苗

图1-197 非洲蝼蛄咬断的稻苗切口

图1-198 非洲蝼蛄成虫

〔形态特征〕

1）成虫：非洲蝼蛄成虫体较细瘦短小，长30~35毫米，体色较深，呈褐色，腹部颜色较其他部位浅些，全身密被细毛；头为圆锥形，触角丝状；前胸背板背面为卵圆形，中央有1个明显的长心脏形暗红色凹陷；前足特化成开掘足，前足腿节内侧外缘缺刻不明显；腹部末端近纺锤形（图1-198）。

2）卵：椭圆形，卵色深，乳白色至暗紫色。

3）若虫：多数为7～8龄，少数为6龄或9、10龄。

★ 37. 稻水蝇蛆 (*Ephydra macellaria* Egger)

稻水蝇蛆属双翅目，水蝇科，别称稻水蝇，分布于我国新疆、宁夏、河北、辽宁、甘肃、陕西、山东、吉林、内蒙古等北方的盐碱地区，尤其是新垦盐碱稻田水稻苗期的重要害虫，可造成毁灭性灾害。

【为害对象】 除水稻外，还取食多种水生杂草根系，营腐生生活。

【为害特点】 仅在水稻苗期为害，以幼虫咬食或钩断水稻初生根及次生根，造成漂秧缺苗。老熟幼虫在稻株根系等处化蛹，阻碍根系发育，导致秧苗生长不良，植株矮小瘦弱、返青慢、分蘖迟。盐碱较重的田块成片死苗，甚至颗粒无收。

【形态特征】

1）成虫：连翅长约6毫米，灰黑色，翅面为银灰色，头顶有金属光泽，足为黄褐色，腹部为蓝灰色无光泽。

2）卵：极小，椭圆形，乳白色。

3）幼虫：末龄幼虫具有11个体节，各节背面都有黑点，在4～8节上明显呈倒"八"字形，第4～11节腹面各有1对突出的伪足，共8对，最后一节的最大，尾端有1个叉状呼吸管（图1-199）。老熟幼虫化蛹时，第9～11腹节伪足呈环状固定在稻根或其他漂浮物上，其他伪足退化仅留痕迹。

图1-199　稻水蝇蛆幼虫

4）蛹：与幼虫形态相似，体长约8毫米，浅棕黄色。

第二章　水稻病虫害的发生与防治

近年来，水稻病虫害呈高发态势，成为我国水稻高产、稳产和优质生产的最主要威胁之一，严重威胁我国的粮食生产和粮食安全。其主要特点是：一方面，稻飞虱、稻纵卷叶螟、稻螟虫、纹枯病及稻瘟病等传统的重大水稻病虫害的发生和危害仍居高不下，无论从发生范围、灾变频率、所造成的损失，还是从投入的防治成本来看，仍然是我国当前水稻生产上的最重要的病虫害种类；另一方面，以往次要病虫害甚至一些未见报道的新病虫害迅速上升为主要病虫害，较为突出的是稻曲病、穗腐病、穗枯病等穗期病害，南方水稻黑条矮缩病、黑条矮缩病、条纹叶枯病等昆虫传播的水稻病毒病，以及稻水象甲这类检疫性害虫，均在我国产生了较大范围的危害。其中，稻曲病造成的损失已居于病害中仅次于纹枯病和稻瘟病的第 3 位；南方水稻黑条矮缩病是 2001 年于我国首次发现的水稻新病害，2010 年即扩展到 13 个省（区）的 120 万公顷水稻，目前已成为长江流域及以南稻区最重要的病害之一。造成水稻病虫害这种高发、频发态势的原因在于生产上追求高产，进而大肥大药，尤其是滥用和过分依赖化学农药，使得稻田生态系统十分脆弱，对有害生物的控害能力弱，而且还造成水稻病虫害抗药性问题突出，进一步导致用药量加大，造成恶性循环。

如何走出上述局面，落实"预防为主，综合防治"的植保方针仍是关键。总体上应创造不利于害虫、有利于天敌的稻田生态环境，充分发挥自然因子的控害作用，降低水稻病虫害的发生程度和灾变频率，必要时再采用药剂进行应急防控。主要措施有：

1）因地制宜，充分利用抗或耐主要病虫的水稻品种。

2）加强农业防治，改变片面追求高产为适度高产，适量使用氮肥，加强肥水管理，改善水稻群体条件，达到控害稳产的目的。

3）充分利用水稻品种对病虫害的补偿作用，如水稻在分蘖期对稻纵卷叶螟有较强的补偿能力，移栽后 1 个月之内可以不防治。

4）实行达标防治，不达到防治指标的不需要用药防治。

5）采用药剂防治时，尽量选用高效的微生物农药，或选用高效、低毒化学农药，减少对稻田天敌等有益生物的伤害。

6）改进施药技术，提倡种子处理、秧苗送嫁药等预防性局部用药措施。

本章主要介绍水稻病虫害的发生规律和防治方法，后者包括防治指标、可用药剂和施药方法等基本信息。但由于我国水稻种植区分布广，各地气候条件、栽培制度、耕作习惯均不同，病虫害发生、为害的差异较大，且随着耕作技术、水稻品种和防控技术等的变化，水稻病虫害发生规律可能出现新的变化。一些新的防控技术、新药剂和品种也不断推出，由于时间和掌握知识的限制，本章不能一一列出。在水稻病虫害防控实践中，应结合当地植保部门的测报和防治信息，因地制宜地选择合适的防控措施。

由于水稻病虫害种类多，常常有多种病虫害同时发生，实际生产中切忌只考虑单虫、单病的防控，应从水稻全生育期多种主要病虫害的综合防控着手。近年来，笔者提出了"三防两控"的综合防控集成技术方案，该方案以适度高产为目标（较当地平均产量增 5%~10%），在因地制宜采用非药剂控害技术的基础上，结合水稻生产的特点，依据水稻病虫害的发生规律，采取防、控两种策略。其中，"防"即"三防"，主抓播种、移栽、破口前 3 个环节，属于预防性防治，分别采用种子处理、送嫁药和破口前综合用药，简化用药决策，对历年常发性病虫害采取预防性防治措施。"控"即"两控"，为应急性达标防治，分别在分蘖期、穗期对暴发性、流行性病虫害进行防治（详见附录 A），各地在实际生产中可参照这一集成技术模式，因地制宜地制定具体的防控方案。此外，在农药使用过程中采用适当的配套技术可以提高防效，而使用不当不但影响防效，还可能引起生产安全事故，需引起重视（参见附录 B）。

》》 第一节 病害的发生与防治 《《

一、水稻真菌性病害 >>>>

★ 1. 稻瘟病

〔发生规律〕 稻瘟病病菌以菌丝和分生孢子在病稻草、病谷上越冬；第 2 年，当气温回升到20℃左右时，遇降雨便可产生大量分生孢子。分生孢子借气流传播，也可随雨滴、流水、昆虫传播。孢子到达稻株，在有水和适温条件下，萌发形成附着孢，产生菌丝，侵入寄生，摄取养分，迅速繁殖，产生病斑。在适宜的温、湿度条件下，产生新的分生孢子，进行再侵染，逐步扩展蔓延。

（1）病害循环

1）越冬与初侵染源：稻瘟病菌主要以菌丝体或分生孢子在病谷、病稻草上越冬，成为第 2 年的初侵染源。

2）病菌侵染过程：分生孢子萌发产生芽管，芽管前端形成附着胞，附着胞生成侵染钉。侵染钉多穿过角质层，从机动细胞或长形细胞直接侵入。

3）潜育期：在适温条件下，叶瘟潜育期一般为 4 ~ 7 天，穗颈瘟为 10 ~ 14 天，枝梗瘟为 7 ~ 12 天，节瘟为 7 ~ 30 天。

4）传播：分生孢子借气流、雨水传播。

（2）发病的主要影响因素 稻瘟病流行是病原菌群体和水稻品种在气候条件与栽培因素影响下相互作用的结果。

1）水稻品种的抗病性：水稻生长发育过程中，4叶期至分蘖盛期和抽穗初期最易感病。水稻品种间存在明显的抗性差异。水稻株型紧凑，叶片窄而挺，叶表水滴易滚落，可相对降低病菌的附着量，减少侵染机会。寄主表皮细胞硅质化程度和细胞的膨压程度与抗侵入和抗扩展能力呈正相关。另外，过敏性坏死反应是抗病菌扩展的一种机制，即寄主细胞在病菌侵入初期，迅速发生过敏反应，受侵细胞变褐坏死，使入侵菌丝被限制在侵染点附近，甚至死亡。

2）栽培因素：栽培管理技术既影响水稻的抗病力，也影响病菌生长发育的田间小气候。其中，以施肥和灌水尤为重要。氮肥施用过量或偏施、迟施会导致稻株体内碳氮比下降，游离氮和酰胺态氮增加，同时稻株贪青披叶，硅质化细胞数量下降，有利于病菌侵染。另外，多施用磷、钾肥对病害的发展有一定的抑制作用。长期深灌或冷水灌溉，易造成土壤缺氧，产生有毒物质，妨碍根系生长，降低植株抵抗力，也会加重发病。

3）气象因素：在菌源具备、品种感病的前提下，气象因素是影响病害发生与发展的主导因子。在气象因素中，以温、湿度最为重要，其次是光和风。水稻处于感病阶段，气温在 20 ~ 30℃，尤其在 24 ~ 28℃，阴雨天多，相对湿度保持在 90% 以上时，易引起稻瘟病严重发生。反之，连续出现晴朗天气，相对湿度低于 85%，病害则受抑制。

（3）流行预测 稻瘟病是气流传播的单年流行病害，其发生程度与品种的感病程度及感病品种的种植面积、稻瘟病菌毒性小种种群数量、流行期的气候条件及肥水管理等关系密切，对上述因子进行综合分析，才能做出准确预测。

〔防治方法〕 宜采取抗性品种、农业和耕作措施与化学防治相结合的综合防治措施。

（1）因地制宜地选育和合理利用适合当地的抗病品种 注

意品种合理搭配与适期更替，加强对病菌小种及品种抗性变化的动态监测。

（2）无病田留种　处理病稻草，消灭菌源，实行种子消毒。

（3）抓好以肥水为中心的栽培防病　提高植株抵抗力，做到施足基肥，早施追肥，中期适当控氮制苗，后期看苗补肥。用水要贯彻"前浅、中晒、后湿润"的原则。

（4）加强测报，及时喷药控病　采用化学药剂防治稻瘟病，应根据不同发病时期采用不同的方法，选择不同的药剂及时、准确地用药。

（5）化学防治　稻瘟病的常发区、重发区、中高山区域和感病品种是稻瘟病防治的重点，需根据稻瘟病的发生情况选用对口的药剂进行防治，且应以预防性防治为主要手段。其中苗、叶瘟重发区一般需要采用药剂进行种子处理，苗、叶瘟一般在出现急性病斑或发病中心时喷雾防治，穗颈瘟一般在破口初期（破口率为0%~5%）进行防治，严重时需在齐穗期再施药1次。

1）种子处理：浸种是防治稻瘟病的有效方法，可选用的药剂包括咪鲜胺、三氯异氰尿酸（TCCA）、菌虫清、异噻菌胺·肟菌酯、稻种消毒剂等。

> 📢　**提示**　稻种消毒剂的有效成分为4-(2,2-二氯-1,3-苯并二氧杂戊环-4-基）吡咯-3-腈和5-乙基-基-5,8-二氢-8-氧代[1,3]二氧杂戊环基-[4,5-g]喹啉-7-羧酸。

2）喷雾防治：可选用药剂包括稻瘟灵、异稻瘟净、克瘟散、三环唑（仅用于预防）、春雷霉素、申嗪霉素、咪鲜胺、吡唑醚菌酯、枯草芽孢杆菌等单剂，以及三环·稻瘟灵、三环·己唑醇、三环·氟环唑、春雷·三环唑、稻瘟酰胺·戊唑醇、肟菌·

戊唑醇、己唑醇·稻瘟灵、灭病威（多菌灵·硫黄）、多·福合剂等复配制剂，兑水喷雾；对于稻瘟灵、异稻瘟净、克瘟散等常规产生抗性的地区，可换用或者交替使用咪鲜胺与三环唑、稻瘟灵、乙蒜素、甲基硫菌灵、井冈霉素等药剂复配剂进行喷雾。

★ **2. 纹枯病**

[发生规律]　病菌主要以菌核在土壤中越冬，也能以菌丝体在病残体上或在田间杂草等其他寄主上越冬。第 2 年春灌时菌核飘浮于水面与其他杂物混在一起，插秧后菌核黏附于稻株近水面的叶鞘上，条件适宜时生出菌丝侵入叶鞘组织为害，气生菌丝又侵染邻近植株。水稻拔节期病情开始激增，病害沿横向、纵向扩展，抽穗前以为害叶鞘为主，抽穗后向叶片、穗颈部扩展。早期落入水中的菌核也可引发稻株再侵染。早稻菌核是晚稻纹枯病的主要侵染源。

（1）病害循环

1）病菌主要以菌核在土壤中越冬，也能以菌丝体和菌核在病稻草和其他寄主残体上越冬。

2）菌核在适温、高湿条件下，萌发长出菌丝，在叶鞘上延伸并从叶鞘缝隙进入叶鞘内侧，通过气孔或直接穿破表皮侵入。潜伏期少则 1～3 天，多则 3～5 天。一般在分蘖盛期至孕穗期，主要在株、丛间横向扩展（水平扩展），导致病株（丛）率增加。

3）孕穗后期至蜡熟前期，病部由稻株下部向上部蔓延（垂直扩展），病情严重度增加。病部形成的菌核脱落后，也可随水流飘浮附着于稻株基部，萌发后进行再侵染。

（2）发病流行的主要因素　菌核数量是引起发病的主要原因。田间水稻纹枯病的发生和流行受菌源数量、气候条件、品种抗性、栽培技术等因素的综合影响。

1）菌源数量：每亩有 6 万粒以上菌核，遇适宜条件就可引发纹枯病流行。

2）气候条件：水稻纹枯病适宜在高温、高湿条件下发生和流行。南方早稻生长前期雨天多、湿度大、气温偏低，病情扩展缓慢；中后期湿度大、气温高，病情迅速扩展，后期高温干燥可抑制病情。气温在 18~34℃都可发生，以 22~28℃最适。发病相对湿度为 70%~96%，90% 以上最适。菌丝生长温度为 10~38℃，菌核在 12~40℃都能形成，菌核形成最适温度为 28~32℃。相对湿度在 95% 以上时，菌核就可萌发形成菌丝，6~10 天后又可形成新的菌核。日光能抑制菌丝生长促进菌核的形成。气温在 20℃以上，相对湿度大于 90% 时，纹枯病开始发生，气温在 28~32℃，遇连续降雨时，病害发展迅速。气温降至 20℃以下，田间相对湿度小于 85% 时，发病迟缓或停止发病。

3）栽培技术：长期深水灌溉，偏施、迟施氮肥，田间水稻郁闭，嫩绿徒长会促进纹枯病的发生和蔓延。

4）水稻品种和生育期：目前虽无对纹枯病高抗的品种，但品种间对纹枯病的抗病性存在明显差异。一般地，水稻各个生育期均能被纹枯病感染，但分蘖期和孕穗期最易感病。

〔防治方法〕 采用抗性品种、农业和耕作措施与化学防治相结合的综合防治措施。

(1) 选用抗（耐）病品种 目前抗纹枯病的品种较少，但在生产实践中还是可以发现一些抗病品种。一般地，水稻植株具蜡质层、硅化细胞是抵抗和延缓病原菌侵入的一种机械障碍，是衡量品种抗病性的指标，也是鉴别品种抗病性的一种快速手段。

(2) 打捞菌核，减少菌源 要每季犁耙田后大面积打捞漂浮在水面的菌核并带出田外深埋和烧毁。

(3) 合理肥水管理 加强肥水管理，施足基肥，早施追肥，不可偏施氮肥，增施磷、钾肥，采用配方施肥技术，使水稻前期不披叶、中期不徒长、后期不贪青。灌水做到分蘖浅水、够苗露田、晒田促根、肥田重晒、瘦田轻晒、长穗湿润、不早断水、防止早衰，要掌握"前浅、中晒、后湿润"的原则。

（4）化学防治　防治适期为分蘖末期至抽穗期，以孕穗至始穗期防治为最好。要加强田间调查，当发病程度达到防治指标时，进行药剂喷雾防治。

> **提示**　水稻分蘖末期的防治指标为：丛发病率为5%~10%、孕穗期发病率为10%~15%，早稻适当放宽至分蘖末期发病率为10%，孕穗中期发病率为20%。高温、高湿天气及苗情有利于病害发生、流行时，要连防2~3次，间隔期为7~10天。
>
> 可选噻呋酰胺、井冈霉素、苯醚甲环唑、丁香菌酯、嘧菌酯、三唑醇、丙环唑、戊唑醇、己唑醇等单剂，以及井冈·蜡芽菌、井冈·丙环唑、井冈·氟环唑、肟菌·己唑醇（拿敌稳）、嘧菌酯·己唑醇、氟酰胺·嘧菌酯、甲硫·嘧菌酯、戊唑醇·嘧菌酯、丙环唑·嘧菌酯等复配剂，兑水喷雾。为减缓抗性，应优先采用药剂复配或农药轮换使用技术。用水量宜在50千克/亩以上，采用粗雾喷雾。

★ **3. 稻曲病**

〔发生规律〕　病菌以菌核落入土内或厚垣孢子附在种子上越冬，第2年7~8月菌核开始抽生子座，上生子囊壳，其中产生大量子囊孢子和分生孢子，并随气流传播散落，在水稻孕穗中后期侵入，造成谷粒发病。

一般大穗型、密穗型、晚熟、分蘖期长、分蘖多的品种发病重；偏施氮肥，穗肥施用过晚，造成贪青迟熟的发病重。淹水、串灌、漫灌是导致稻曲病流行的另一个重要因素，在孕穗中后期至抽穗扬花关键生育期遇多雨、低温，特别是连续阴雨的，发病重。

〔防治方法〕 种子消毒和抓住在水稻关键生育期喷雾是防治稻曲病的有效措施。提倡采用"一浸二喷、叶枕平定时打药"的防治策略，其中"一浸"指种子浸种消毒，"二喷"分别指破口前7～14天（剑叶与倒二叶的叶枕位置持平，剑叶为倒一叶）的第1次用药，或田间1/3～1/2植株处于叶枕平时打第1次药；第2次用药在破口期（5%～10%植株破口），相当于第1次用药后7～14天。

（1）种子消毒 可选用咪鲜胺、咯菌腈、乙蒜素、多菌灵、多福粉、福美双、甲基托布津、福尔马林等药剂浸种，或用粉锈宁、戊唑醇等药剂拌种。

（2）喷雾防治 可选用嘧菌酯、戊唑醇、丙环唑、烯唑醇、井冈霉素、络氨铜、胶氨铜、多菌铜、DT杀菌剂、CT杀菌剂等单剂，以及爱苗（苯醚·丙环唑）、拿敌稳（肟菌·戊唑醇）、喜奥（苯甲·嘧菌酯）、烯唑·咪鲜胺、烯唑·腈菌唑、纹曲清（井冈·烯唑醇）、稻后安（氧化亚铜·三唑酮）等复配剂，兑水喷雾，用水量在45千克/亩以上，宜用细雾喷雾。

★ **4. 恶苗病**

〔发生规律〕 该病主要以菌丝和分生孢子在种子内外越冬，其次是带菌稻草。病菌在干燥条件下可存活2～3年，而在潮湿的土面或土中极少存活。病谷所长出的幼苗均为感病株，重者枯死，轻者病菌在植株体内呈半系统扩展（不扩展到花器），刺激植株徒长。在田间病株产生分生孢子，经风雨传播，从伤口、气孔和水孔侵入引起再侵染。抽穗扬花期，分生孢子传播至花器上，导致种子带菌。

该病为高温病害。当土温在 30～35℃ 时，适宜幼苗发病；土温在 25℃ 以下，植株感病后，不表现症状。移栽时，高温或中午阳光猛烈，发病多。伤口是病菌侵染的重要途径，种子受机械损伤或秧苗根部受伤，多易发病。一般旱秧比水秧发病重，中午移栽比早晚或雨天移栽发病多，增施氮肥有刺激病害发展的作用。该病无免疫品种，但品种间的抗病性有差异。

[防治方法]　水稻恶苗病主要由种子带菌引起，从秧苗期到成株期均可发病。由于该病的最主要初侵染源是带菌种子，因此，建立无病留种田和进行种子处理是防治该病的关键。目前，尚无大田打药防治恶苗病的习惯。稻种在消毒处理前，最好先晒 1～3 天，这样可促进种子发芽和病菌萌动，也利于杀菌，以后用风、筛、簸、泥水或盐水选种，然后消毒。

(1) 建立无病留种田　在发病普遍的地区可改换种植无病品种，并选用健壮种谷，剔除秕谷和受伤种子。

(2) 改进栽培管理技术　播种前催芽时间不能太长，以免下种时易受创伤，有利于病原菌的侵入。培育壮秧，拔秧时应尽量避免秧根损伤太重，并尽量避免在高温和中午插秧，以减轻发病。广西稻区提出在拔秧和插秧时要做到五不要，即不要在烈日下插秧，不要在冷水中浸秧，不要插隔夜秧，不要插老龄秧，不要插深泥秧。

(3) 及时拔除病株　无论在秧田或本田中发现病株，应结合田间管理及时拔除，并集中晒干烧毁或放入鱼塘中喂鱼。

(4) 处理病稻草　收获后的病稻草应尽量用作燃料或沤制肥料。不要用病稻草作为种子消毒或催芽时的投送物或捆秧把。

(5) 种子处理　采用对口药剂对种子进行浸种或包衣处理是防治该病最有效的方式。其中，可用作包衣的药剂有多·咪·福、三环·稻瘟酰胺、噻虫·咯·霜灵等复配剂，可用作浸种的药剂有咪鲜胺（又名使百克、扑霉灵、丙灭菌、施保克）、二硫氰基甲烷（又名浸种灵、浸丰、浸丰 2 号、扑生畏、的确灵、千千火）、恶霉灵（又名抑霉灵、土菌消、立枯灵）、氰烯菌酯、强氯精、乙蒜素、多菌灵、萎锈灵、福美双、溴硝醇等单剂，以及劲护·氰烯菌酯、一浸灵（福美·代森锰锌）、浸杀（多菌·福美）、金动力（代铵·多菌灵）、金保克（福美·三唑酮）、氰烯·杀螟丹、菌虫清（杀螟·乙蒜）等复配剂。此外，咪鲜胺与多种药剂的复配剂也较常用。

★ **5. 菌核秆腐病**

〔**发生规律**〕以菌核在稻桩、稻草中越冬，尤其在稻桩内的数量最多。菌核随病组织落入土中，翻耕灌水时漂浮于水面，插秧后附着于稻株近水面的叶鞘上，在适宜的温、湿度条件下，菌核萌发产生菌丝，直接从叶鞘表面或伤口侵入，在叶鞘组织内蔓延扩展，引发病害。影响发病的主要因素如下。

（1）**灌水**　水稻生长前、中期深灌，后期断水过早，土壤干燥过久的稻田，或长期深灌及排水不良的烂田，一般发病较重。

（2）**施肥**　氮肥使用过多、过迟，磷、钾肥缺少的稻田，往往病害较重。

（3）**品种**　水稻品种间对该病的抗性差异较大，宜选择抗性较好的品种种植。一般地，高秆比矮秆品种抗病，籼稻比粳稻抗病。在大田中，该病通常在分蘖期开始发生，孕穗以后病情逐渐加重，抽穗至乳熟期发展最快，受害也最严重。

（4）**气候**　病菌生长发育的温度为 11～35℃，以 25～30℃最为适宜。日光对病菌有抑制作用，阴雨、高湿则有利于病害的发生流行。

〔**防治方法**〕采取以农业防治为主、药剂防治为辅的综合防治措施。

（1）消灭越冬菌源　病菌的菌核一般越接近稻茎基部，其数量越多，所以采取齐泥割稻，冬季结合治螟挖毁稻桩，可以减少田间越冬的菌核。春耕插秧前，宜结合防治纹枯病捞除菌核。病草收割后应另行堆放，尽早用作燃料或沤肥。

（2）肥水管理　加强肥水管理是防治该病的重要措施，其要求与防治稻瘟病、纹枯病的基本相同。但在管水方面要特别注意防止生长后期断水过早、过重，应根据天气情况，及时灌跑马水，以保持土壤湿润。在施肥方面要施足基肥，看苗施好追肥和壮尾肥，既要防止施肥过量，也要防止后期脱肥早衰而诱发该病。

（3）选用高产抗病品种　目前虽未发现免疫和高抗品种，但品种之间的抗病性有明显差别。因此，在病区因地制宜地选种高产抗病良种是防治该病的一项措施。

（4）化学防治　在水稻圆秆拔节期和孕穗期结合调查纹枯病，如果发现有菌核病为害蔓延（病斑初现）时应进行喷雾防治。只防治1次的在圆秆拔节期施药，防治2次的可分别在圆秆拔节期和孕穗期各打1次药。药剂可选用甲基托布津、多菌灵、井冈霉素、苯来特、异稻瘟净、稻瘟净或粉锈宁等，兑水喷雾。

★ **6. 胡麻叶斑病**

[发生规律]　病菌以菌丝体在病草、颖壳内，或以分生孢子附着在种子和病草上越冬。在干燥条件下，病组织上的分生孢子可存活2～3年，而潜伏的菌丝可存活3～4年。播种后，种子上的菌丝可直接侵入幼苗，分生孢子则借风传播至水稻植株上，从表皮直接侵入或从气孔侵入。病部所产生的分生孢子可进行再侵染。

水稻品种间存在抗病差异。同品种中，一般苗期最易感病，分蘖期抗性增强，分蘖末期抗性又减弱，这与水稻在不同时期对

173

氮素的吸收能力有关。一般缺肥或贫瘠的地块、缺钾肥、土壤为酸性或沙质土壤，漏肥漏水严重的地块、缺水或长期积水的地块发病重。深翻耕有减轻发病的趋势。

〔防治方法〕 应以农业防治特别是深耕改土、科学管理肥水为主，辅以药剂防治。

(1) 深耕改土 深耕能促使根系发育良好，增强稻株吸水、吸肥能力，提高抗病性。沙质土应增施有机肥，用腐熟堆肥作为基肥；对酸性土壤要注意排水，并施用适量生石灰，促进有机肥物质的正常分解，改变土壤酸度。

(2) 肥水管理 要施足基肥，注意氮、磷、钾肥的配合使用。缺钾会促进病害发生和加重病害，应特别注意田间钾情况。无论秧田或本田，当稻株因缺氮发黄而开始发病时，应及时施用硫酸铵、人粪尿等速效性肥料；如果因缺钾而发病，应及时排水增施钾肥。在管水方面以实行浅水勤灌为最好，既要避免长期淹灌所造成的土壤通气不良，又要防止缺水受旱。

(3) 病草处理 该病的初侵染源和稻瘟病一样，处理病稻草，消灭菌源，是一种有效的防治措施。

(4) 化学防治 同稻瘟病一样，包括种子消毒和大田喷雾防治两种措施。

1）种子消毒：可选用乙蒜素、多菌灵、多福粉、福美双、甲基托布津、福尔马林、施保克、苯噻硫氰（倍生、苯噻清）等药剂进行浸种处理。

2）喷雾防治：秧田出现发病秧苗即应打药防治；大田中病害主要在水稻分蘖期至抽穗期发生，重点应放在抽穗至乳熟阶段，以保护剑叶、穗颈和谷粒不受侵染。一般当发病初期叶片出现病斑时即进行防治，可选用灭病威、异稻瘟净、防霉宝、克瘟散或苯噻硫氰等药剂，兑水喷雾。

★ **7. 稻粒黑粉病**

〔发生规律〕 病菌以厚垣孢子在种子内和土壤中越冬。种子带菌随播种进入稻田和土壤带菌是主要菌源。该菌的厚垣孢子抗逆力强，在自然条件下能存活 1 年，在贮存的种子上能存活 3 年，在 55℃ 恒温水中浸 10 分钟仍能存活，通过畜禽等消化道的病菌仍可萌发，该菌需经过 5 个月以上的休眠期，气温高于 20℃，湿度大，通风透光，厚垣孢子即萌发，产生担孢子及次生小孢子。借气流传播到抽穗扬花的稻穗上，侵入花器或幼嫩的种子，在谷粒内繁殖产生厚垣孢子。

水稻孕穗至抽穗开花期及杂交稻制种田的父母本花期相遇差的，发病率高，发病重。此外雨水多或湿度大，施用氮肥过多也会加重该病的发生。在杂交制种不同组合中，存在着母本内外颖最终不能闭合的现象，称作开颖。开颖率高的组合，品种间发病率高低差异较大，如汕优 63 第 1 年制种田，病穗率高达 92%，病粒率达 25.19%。

〔防治方法〕 宜以农业防治为基础，辅以药剂防治。

(1) 选用抗病品种 在杂交稻的配制上，要选用闭颖的品种，可减轻发病。

(2) 实行 2 年以上轮作 病区家禽、家畜粪便沤制腐熟后再施用，防止土壤、粪肥传播。

(3) 实行检疫 严防带菌稻种传入无病区。

(4) 栽培管理 避免偏施、过施氮肥，制种田通过栽插苗数、苗龄、调节出秧整齐度，做到花期相遇。孕穗后期喷洒赤霉素等均可减轻发病。

(5) 化学防治 采用种子处理和田间喷雾防治相结合的方法。

1) 种子处理：在明确当地老制种田土壤带菌与种子带菌两

者作用主次的基础上，对以种子带菌为主的地区，播种前用10%盐水选种，汰除病粒，然后进行种子消毒。可选用福尔马林、多菌灵、甲基托布津、石灰水等药剂浸种 12~48 小时，之后捞出用清水冲洗干净、催芽、播种。

2）喷雾防治：发病重的地区或年份，感病品种及杂交制种田，于水稻始花期、盛花期各喷 1 次药，轻病年份则于盛花高峰末期防治 1 次，可选用敌力脱（丙环唑）、粉锈宁、多菌灵、百科（双苯三唑醇）、灭病威（多菌·硫黄）、灭核 1 号、禾枯灵或甲基托布津，兑水喷雾。

★ 8. 真菌性颖（谷）枯病

〔发生规律〕病菌以分生孢子器在病谷粒上存活越冬。以分生孢子作为初次侵染接种体，借风雨传播，当水稻抽穗后，侵入花器及幼颖致病。通常在稻株抽穗扬花期如果遇暴风雨，稻穗互相摩擦产生伤口，有利于病菌侵入而发病重；偏施、过施或迟施氮肥，植株贪青，成熟延迟，也增加病菌侵害机会；一般倒伏田地面温、湿度高，有利于病菌孢子发芽侵入，致使病粒增多；冷水灌溉的田块，发病也较多。

〔防治方法〕选用无病种子、进行种子消毒是防治该病最简单有效的方法，重发地区可进一步进行田间防治。

（1）选用无病种子　严禁将病区种子调入无病区，病区也应在无病田留种或从无病区引种。

（2）种子消毒　播种前用盐水或泥水选种，然后可选用乙蒜素、福尔马林、菌虫清、多福粉或甲基托布津等药剂浸种24~60 小时，也可以用2%福尔马林浸种 2~3 小时或1%硫酸铜溶液浸种 1~2 小时，捞出洗净、催芽、播种。其中多福粉、甲基托布津捞出后无须洗净药液，可直接进行催芽。

（3）喷雾防治　应抓住水稻孕穗后期至抽穗扬花期或病害

初发期进行喷雾,发病重时可在破口期和齐穗期各施药 1 次,可选粉霉灵、灭病威、防霉宝、多硫、多菌灵等药剂,兑水喷雾。

★ 9. 穗腐病

[发生规律] 近年来,我国穗腐病的发生呈明显的上升态势,其发生危害与气候条件、水稻播栽期有关。种植感病品种(类型)的前提下,病原菌和气候条件是决定穗腐病是否发生及发生、流行、危害是否严重的主要因素;不同的耕作栽培制度和肥水管理方式是加重还是减轻病害的次要因素。

(1)气候因素 穗腐病主要在水稻孕穗后期至抽穗扬花期侵染,灌浆期开始显症。如果水稻孕穗后期至抽穗扬花期遇上适宜病害发生的气候条件(温度为 25～33℃、阴雨、高湿即相对湿度在 95% 以上),则有利于病害蔓延流行,危害加重。以浙江杭州地区为例,穗腐病的穗发病率与播种时间、孕穗后期—抽穗扬花期的平均气温、最高气温和最低气温呈正相关,一般地,孕穗后期至抽穗扬花期的温度为 27～30℃时穗腐病的发生危害较重。水稻播期对穗腐病的影响,也主要在于影响到孕穗后期至扬花关键生育期与穗腐病适宜发病天气的相遇情况。因每年出现适宜发病的天气的时间并不固定,很难通过调节播种期而进行避害。

(2)耕作与肥水管理 穗腐病发生危害与耕作栽培制度及肥水管理有关。调查及研究结果表明,长江流域及其以北稻区以粳稻和籼粳杂交稻为主,栽培制度以单季中稻或单季晚稻为主,这类品种结合此栽培制度,使得大部分稻区的水稻关键生育期(孕穗后期—乳熟期)正好处于当地较适宜穗腐病发生流行的气候条件下(温度为 25～33℃,高湿即相对湿度在 95% 以上),是导致穗腐病发生、危害严重的原因之一。采用密植、直播、抛秧等栽培方式有利于穗腐病的发生。

〔防治方法〕 可参考稻曲病的防治方法。

★ **10. 稻一柱香病**

〔发生规律〕 稻一柱香病为系统侵染性病害，病菌以分生孢子座混杂在种子中存活越冬。带菌种子为第 2 年病害的主要初侵染源。带菌种子播种后，病菌从幼芽侵入，造成当年发病。病菌在稻株体内随着植株的生长发育而扩展，在稻株抽穗之前，病菌已进入幼穗为害，被害幼穗颖壳受破坏而变为蓝黑色，并长出小粒点状的子实体（即病菌分生孢子座），小穗因被病菌菌丝体缠绕而不能展开，导致抽出的病穗呈圆柱状。有时部分小穗受害后虽仍能散开，但穗粒基本不实。通常育旱秧有利于病菌侵染，土壤无传病作用。病菌也可为害稗草。水稻品种之间的发病有明显差异。

〔防治方法〕 选用无病种子、进行种子消毒是防治该病的最简单有效的方法，重发地区可进一步进行田间防治。

（1）选用无病种子 严禁将病区种子调入无病区；病区也应在无病田留种或从无病区引种。

（2）种子处理 播前进行盐水或泥水选种，以汰除混在种子中的病菌子实体（分生孢子座），从而减少菌源；实行温汤消毒或药剂消毒，可基本杀死种子上的病菌。

1）温汤消毒：种子在冷水中预浸种 4 小时后，用 52 ~ 54℃温水浸种 10 分钟，再催芽、播种。

2）药剂浸种：选用乙蒜素、菌虫清或多菌灵等药剂浸种 48 ~ 60 小时，捞出洗净药液，再催芽、播种。其中多菌灵浸种捞出后无须洗净药液可直接催芽。

（3）喷雾防治 水稻各个生育期均能感染，关键是要抓住在发病初期用药进行防治。可选用灭病威、防霉宝或多菌灵等药剂，兑水喷雾。在重发区可根据病情，隔 1 周再喷 1 次药，可提高防治效果。

★ **11. 水稻烂秧**

〔发生规律〕 能引起水稻立枯、绵腐等烂秧症状的病原菌有多种，均属于土壤真菌，能在土壤中长期营腐生生活。其中，镰刀菌多以菌丝和厚垣孢子在多种寄主的残体上或土壤中越冬，条件适宜时产生分生孢子，借气流传播。丝核菌以菌丝和菌核在寄主病残体或土壤中越冬，靠菌丝在幼苗间蔓延传播。至于腐霉菌则普遍存在，以菌丝或卵孢子在土壤中越冬，条件适宜时产生游动孢子囊，游动孢子借水流传播。水稻绵腐病、腐霉菌寄主性弱，只有在稻种有伤口如种子破损、催芽热伤及冻害的情况下，病菌才能侵入种子或幼苗，后孢子随水流扩散传播，遇有寒潮可造成毁灭性损失。其病因先是冻害或伤害，以后才演变成侵染性病害，第二才是绵腐、腐霉等真菌病原。在这里冻害和伤害是第一病因，在植物病态出现以前就持续存在，多数非侵染性病害终会演变为侵染性病害，病三角中的外界因素往往是第一病因，病原物是第二病因。但是真菌的为害也是明显的，低温烂秧与绵腐病的症状区别是明显的。生产上防治该类病害，应考虑两种病因，即将外界环境条件和病原菌同时考虑，才能收到明显的防效。生产上低温缺氧易引致发病，寒流、低温阴雨、秧田水深、有机肥未腐熟等条件有利于发病。烂种多由贮藏期种子受潮、浸种不透、换水不勤、催芽温度过高或长时间过低所致。烂芽多因秧田水深缺氧或暴热、高温烫芽等引发。青、黄苗枯一般是由于在秧苗 3 叶左右缺水而造成的，如果遇低温袭击或冷后暴晴则加快秧苗死亡。

〔防治方法〕 防治水稻烂秧的关键是抓育苗技术，改善秧田环境条件，增强秧苗抗病力，必要时辅以药剂防治。

（1）改进育秧方式 因地制宜地采用旱育秧和稀植技术，

或采用薄膜覆盖或温室保温育秧，露地育秧应在湿润育秧的基础上加以改进。秧田应选在背风向阳、肥力中等、排灌方便、地势较高的平整田块，秧畦要干耕、干做、水耥，提倡施用日本酵素菌沤制的堆肥或充分腐熟有机肥，改善土壤中微生物的结构。

（2）精选种子　选成熟度好、纯度高且干净的种子，浸种前晒种。

（3）抓好浸种催芽关　浸种要浸透，以胚部膨大凸起、谷壳呈半透明状、达到谷壳隐约可见月夏白和胚为准，但不能浸种过长。催芽要做到"高温（36～38℃）露白、适温（28～32℃）催根、淋水长芽、低温炼苗"。也可施用 ABT4 号生根粉，使用量为 13 毫克/千克种子，南方稻区浸种 2 小时，北方稻区浸种 8～10 小时，捞出后用清水冲芽即可，也可在移栽前 3～5 天，对秧苗进行喷雾，用量同上。对水稻立枯病的防效优异。

（4）提高播种质量　根据水稻品种特性，确定播期、播种量和苗龄。日均气温稳定在 12℃ 时以上方可播于露地育秧，均匀播种，根据天气预报使播后有 3～5 个晴天，有利于谷芽转青来调整浸种催芽时间。播种以谷陷半粒为宜，播后撒灰，保温保湿有利于扎根竖芽。

（5）加强水肥管理　芽期以扎根立苗为主，保持畦面湿润，不能过早上水，遇霜冻短时灌水护芽。一叶展开后可适当灌浅水，二、三叶期再灌水，以减小温差，保温防冻。寒潮来临要灌"拦腰水"护苗，冷空气过后转为正常管理。采用薄膜育苗的于上午 8：00～9：00 要揭膜放风，放风前先上薄皮水，防止温、湿度剧变。发现死苗的秧田每天灌 1 次"跑马水"，并排出。小水勤灌，冲淡毒物。施肥要掌握基肥稳、追肥少而多次，先量少后量大，提高磷钾比例。齐苗后施"破口"扎根肥，可用清粪水或硫酸铵掺水洒施，二叶展开后，早施"断奶肥"。秧苗生长慢，叶色黄，遇连续阴雨天，更要注意施肥。盐碱化秧田要灌大水以冲洗芽尖和畦内盐霜，排除下渗盐碱。

（6）提倡采用地膜覆盖育秧技术　地膜覆盖能有效地解决低温制约水稻发生烂秧及低产这个水稻生产上的难题，可使土壤的温、光、水、气重新优化组合，创造水稻良好的生育环境，解决水稻烂秧，创造高产。

（7）使用植物生长调节剂　喷洒壮丰安水稻专用型植物生长调解剂或植物动力 2003，能有效防治立枯病，使水稻恢复生机。

（8）药剂防治　播种前用药剂处理种子和对秧板进行消毒。稻种在消毒处理前，一般要先晒种 1~3 天，这样可促进种子发芽和病菌萌动，以利于杀菌，以后用风、筛、簸、泥水、盐水选种，然后消毒。在苗期一看到发病株或发病中心即应喷药防治。

1）种子处理：选用种衣剂 1 号、901、福美双、广灭灵等药剂浸种 24~72 小时有较好的防效，并能兼治恶苗病；也可用福美双、土菌消等药剂进行拌种处理。

2）秧板消毒：播种前，用甲霜灵、敌克松、土菌消、恶甲（克枯星、育苗灵、灭枯灵）等药剂，兑水喷雾于苗床床土进行消毒。此外，选用植物生长剂"移栽灵"混剂拌于苗床上或秧盘基质中，有促根、发苗、防衰和杀菌作用，对立枯病的防效好。

3）苗期施药：在秧苗立针期至 2 叶 1 心期或发病初期，选用敌克松、土菌消、恶甲、恶霉灵（绿亨 1 号）、广灭灵等药剂兑水喷雾或浇苗。立枯灵于水稻秧苗 1 叶 1 心期喷施，具有防病、促进生长的双重作用。值得注意的是，适合不同烂秧类型的药剂种类或使用浓度可能有一定的差异，应按照烂秧类型和药剂标签使用说明进行施药。

例如：对由绵腐病及水生藻类为主引起的烂秧，发现中心病株后，首选 25% 甲霜灵可湿性粉剂 800~1000 倍液、65% 敌克松可湿性粉剂 700 倍液、10% 丰利农 300~500 倍液；对立枯菌、绵腐菌混合侵染引起的烂秧，首选 40% 灭枯散可溶性粉剂（40% 甲敌粉）。使用过程中，一袋 100 克装灭枯散可防治 40 米^{2}或 240 个秧盘，预防时可在播种前拌入床土，也可在稻苗的 1 叶1 心期浇施；治疗时可在发病初期浇施，先用少量清水把药剂调和成糊状，再全部溶入 110 千克水中，用喷壶浇即可。此外也可喷洒 30% 立枯灵可湿性粉剂 500 ~ 800 倍液或广灭灵水剂 500 ~1000 倍液，喷药时应保持薄水层。绵腐病和腐败病严重时，秧田应换清水 2 ~ 3 次，浅灌 2 ~ 3 厘米的水，再每亩喷雾 0.05%~0.1% 硫酸铜液 70 ~ 100 千克，或在秧田进水口处放上装有硫酸铜的纱布袋（每亩 75 ~ 200 克），让其随灌溉水溶化流入秧田。

★ **12. 条叶枯病**

〔发生规律〕病菌主要以菌丝体在病草、病谷上越冬。稻种上的病菌可存活至第 2 年 7 月，稻草上的病菌可存活至第 2 年8 ~ 9 月，病草和病种为第 2 年病害的初侵染源。病菌主要以分生孢子作为初侵与再侵接种体，借气流或雨水溅射而传播，从寄主气孔或伤口入侵致病。

温暖多湿的天气有利于发病，但晚稻生育后期若遇低温、连续阴雨，植株早衰，抗性减弱，也可能促使病害暴发。肥水管理不当，缺肥尤其是有机肥和磷肥不足，或长期深灌，植株根系发育不良，或经常受旱，或后期断水过早皆易诱发病害。

水稻品种间的抗性有明显差异，籼稻较粳稻抗病。在广东，籼稻常规品种珍珠矮、广二矮、广解 9 号、四矮等品种表现较感病。

〔防治方法〕

1）因地制宜选育和换种抗病良种。

2）改善肥水管理，促植株早生快发，稳生稳长，提高根系活力，防止早衰，对增强植株抗逆力、减轻发病的效果明显。肥水管理的具体做法和要求可参照稻瘟病和纹枯病。

3）结合防治稻瘟等病害，抓好种子和稻草处理环节。

4）抓好喷药预防。可结合预防穗颈瘟于破口期至齐穗期喷药进行兼治，用药方法参照稻瘟病。以破口期至齐穗期施药防治的效果最好，孕穗期前施用无效。可选稻瘟灵（富士1号）、瘟特灵、灭病威、异稻瘟、防霉宝等药剂喷雾；重发时，需在水稻破口期、齐穗期各施药1次。

★ **13. 叶尖枯病**

〔发生规律〕以分生孢子器在病组织中越冬。落在田中的病残体、病稻种与禾本科杂草均是该病初侵染的来源，老病区以病残体最重要，稻种带菌率虽低，但对新病区传播病害将起重要作用。

水稻拔节期至孕穗期开始感病，抽穗期病害迅速扩展，至灌浆后期趋于稳定。稻型与发病轻重有关，以杂交稻发病最重，常规稻以籼稻较重，粳稻及糯稻很少发病。水稻生长后期（孕穗期至灌浆期），适温（一般为25~28℃）、多雨和多台风有利于病害发生，其中暴风雨是病害流行的关键因素。一般多施、偏施、迟施氮肥，有利于发病，而增施硅、钾、锌、硼等肥料，均有一定控害作用；长期灌深水、栽插密度过大，均会加重发病。

〔防治方法〕

（1）选用抗性品种　一般籼稻较感病，重病田应选用抗性好的籼稻或粳稻品种。

（2）加强健身栽培　多施有机肥，增施磷、钾肥和硅肥，及时排水晒田；合理密植，以提高稻株抗病力。

（3）化学防治　在播种前用药剂处理种子；在水稻破口抽穗期到齐穗期进行田间调查，当病丛率达30%以上时即应施药防治。

1）种子处理：用禾枯灵、多菌灵等药剂浸种24~48小时，捞出洗净、催芽、播种。

183

2）喷雾防治：可用禾枯灵、粉锈宁、多菌灵等药剂，在水稻破口抽穗期至齐穗期，病害初发时喷药1~2次。

★ 14. 云形病

〔发生规律〕 病菌主要以菌丝体在罹病组织内越冬，其次以分生孢子附着在种子表面越冬。病叶和带菌种子为初侵染源。分生孢子借气流、雨水溅射和小昆虫传播，主要从叶片伤口或水孔侵入致病。适温（23~25℃）和高湿条件下，潜伏期为4~7天。病部产生的分生孢子再次侵染接种体，子囊孢子在病害循环中似乎并不重要。

该病的发生同天气、稻田生态环境、肥水管理、虫害和品种抗病性有密切关系。适温多湿，尤其台风雨频繁的年份有利于发病；稻蓟马猖獗为害的年份或田块，该病往往发生严重；山区处于当风处的稻田或低洼谷地稻田的发病较重；偏施氮肥，禾苗长势过旺、叶片转色不正常的稻株发病重；叶片窄细硬直的品种（如窄叶青等）比叶片阔大、株形披散的品种（如科6、珍珠矮等）较抗病。

〔防治方法〕

（1）选育和换种抗病良种 做好种子消毒（参照稻瘟病）。

（2）加强健身栽培 按照稻株生育规律巧用肥水，使禾苗转色正常，提高植株抗病力。

（3）化学防治 主抓种子处理和水稻分蘖末期至灌浆期的大田防治。

1）种子处理：选用乙蒜素、菌虫清、克瘟散或扑霉灵，兑水浸种48~60小时，捞出洗净、催芽、播种。

2）喷雾防治：加强对田间病情和稻蓟马等害虫的调查，在水稻分蘖末期、孕穗期和开花灌浆期等关键时期初见病害时即用药防治，一般采用病虫同治的方式，即同时施用防病和治虫的药剂。其中，治虫主要针对稻蓟马，所用药剂参照稻蓟马；防病的对口药剂有瘟特灵、灭病威、防霉宝、粉锈宁、禾枯灵、多硫酮（多菌灵＋硫黄＋三唑酮）等，可兑水喷雾。此外，每亩撒施生石灰粉20~30千克或草木灰40千克也有一定的防效。

★ 15. 叶黑粉（肿）病

〔发生规律〕 病菌以菌丝体和冬孢子堆在病草越冬，第2年夏季萌发产生担子和担孢子，借气流传播入侵致病。土壤瘠薄、缺肥，尤以缺磷、钾肥的稻田和生长不良的叶片发病重。

水稻品种抗性有差异，在长江流域稻区，杂交稻、农垦品系和加农品系都较感病。任何诱发植株生活力衰退的因素都有利于该病发生。杂交稻常常在分蘖盛期和末期就开始感病，有的田块病情相当严重，说明杂交稻较常规稻易感病。

〔防治方法〕

（1）选育抗病良种　重病区注意选育和换种抗病良种。

（2）加强肥水管理　促使植株稳生稳长，避免植株出现早衰现象，尤应注意适当增施磷、钾肥，提高植株抗病力。肥水管理的具体做法和要求参照稻瘟病和纹枯病。

（3）妥善处理病草　避免病草回田作为肥料。

（4）抓好喷药预防控病　重发区以病害初发期或上升初期进行喷雾防治，一般在幼穗形成至抽穗前进行，杂交稻应提早到分蘖盛期。做好对稻瘟病、叶尖干枯病等病害的喷药预防，可兼治该病，一般情况下不必单独喷药防治。孕穗末期病情上升初期，可以病丛率达30%为防治指标，可用药剂有粉锈宁、禾枯灵、多菌灵、灭病威等。

★ 16. 叶鞘腐败病

〔发生规律〕 病菌以菌丝体和分生孢子在病种子和病草上越冬。以分生孢子作为初侵与再侵染接种体，借气流或小昆虫、螨类等传播，从伤口侵入致病。

病害的发生流行同天气、肥水管理、虫害及品种等有密切关系：孕穗期降雨多，或雾大露重的天气有利于发病；晚稻孕穗期至始穗期遇寒露风致稻株抽穗力减弱的，则更易受害；穗期施氮过多、过迟致植株"贪青"的易受害；小昆虫及螨类多的田块易发病；杂交稻，特别是杂交制种田（需剪叶调节花期）比常规稻易发病；一般抽穗不易离颈（包穗）的品种皆易发病。

[防治方法]

（1）选育抗病良种 选择稻穗抽出度较好的品种可以减轻发病。

（2）厉行种子消毒 结合防稻瘟病进行，妥善处理病稻草。

（3）加强肥水管理 实行配方施肥，勿偏施、迟施氮肥；合理排灌，适时露晒田，使植株生长健壮，后期不"贪青"，提高抗病力。

（4）化学防治 包括播种前的种子处理和大田喷雾两种方式。杂交稻的繁殖制种田于剪叶后4天内，常规稻于始穗期前后施药。以杂交稻及杂交制种田为防治重点，对杂交制种田应于剪叶后随即喷药保护1次；晚稻于寒露风前后可通过喷施叶面营养剂混合杀虫杀菌剂喷施1~2次，以利于抽穗及防病；病害常发区应掌握幼穗分化期至孕穗期，根据病情、苗情、天气情况喷药保护1~2次。此外，该病还应结合稻蓟马、螨类等小型害虫的防治进行，具体方法参见相关章节。

1）浸种处理：可选用多菌灵、禾枯灵等药剂浸种24~48小时，捞出洗净、催芽、播种。

2）喷雾防治：可选用使百克、三环唑、多菌灵、粉锈宁、甲基托布津、异稻瘟净、灭病威或禾枯灵等药剂兑水喷雾。

★ **17. 叶鞘网斑病**

[发生规律] 病菌以菌块和菌核在病稻草及遗落土中的病

残物或其他寄主作物上越冬。以菌核借灌溉水或分生孢子借气流传播，并作为初侵染与再侵染接种体，从寄主伤口侵入致病。通常排水不良或偏施氮肥的田块发病较重。品种抗病性不详，仅知糯稻较为抗病。温暖多湿的天气有利于发病。

〔防治方法〕

(1) 换用抗病良种 重病区注意换种抗病良种。

(2) 妥善处理病稻草 切勿回田作为肥料。

(3) 善管肥水 避免偏施氮肥，适当增施磷钾肥；按稻株生育阶段管好水层，适当排水露晒田。

(4) 化学防治 包括种子处理和大田喷雾两种方式。喷药控病可结合防纹枯病一起进行，尤应抓住分蘖盛期至拔节前后喷药保护，着重喷植株中下部，喷药前1~2天宜排水露田，用药可参照纹枯病和秆腐病。

1) 种子处理：同叶鞘腐败病的种子处理方法。

2) 喷雾防治：可结合稻瘟病的防治进行，主要抓住病害初发期喷雾防治。若需单独防治，药剂可选用多菌灵、粉锈宁、甲基托布津、灭病威、禾枯灵等。

★ **18. 霜霉病**

〔发生规律〕 该菌能侵染禾本科植物43属。病菌以卵孢子随病残体在土壤中越冬。第2年卵孢子萌发侵染杂草或稻苗。卵孢子借水流传播，水淹条件下卵孢子产生孢子囊和游动孢子，游动孢子活动停止后很快产生菌丝而侵害水稻。卵孢子在10~26℃都可萌发，19~20℃、10~25℃都能致病，15~20℃最适。秧苗期是水稻主要感病期，大田病株多从秧田传入。秧田水淹、暴雨或连续阴雨时发病严重，低温有利于发病。

〔防治方法〕 水稻霜霉病主要在早、中稻秧苗3叶期，以及受水淹后 2~3 周易发生。在病害初发期用药防治。

(1) 选地 选地势较高地块做秧田，建好排水沟。

(2) 清除病源 拔除杂草、病苗。

(3) 药剂防治 秧田和本田病害初发期，或常年易发稻区及大水淹苗秧田均需喷雾防治。可用药剂有多菌灵、甲基托布津、苯来特、甲霜灵、霜疫净等。

★ **19. 苗疫霉病**

〔发生规律〕 病菌侵染规律尚不很清楚，可能以卵孢子在土壤中越冬，第 2 年在淹水条件下产生游动孢子侵入秧苗为害。发病最适宜温度是 16~21℃，超过 25℃，病害受到抑制。秧苗 3 叶期前后，遇低温、连绵阴雨、深水灌溉，特别是秧苗淹水，病害发生就重。

〔防治方法〕

1）选择地势较高的田块作为秧田，防止在曾发病的老秧田育秧，注意整平畦面，合理排灌，防止淹苗。

2）早、中稻秧苗在 2~3 叶期勤检查，初见发病即要用药进行喷雾防治，可选药剂有多菌灵、甲基托布津、苯来特、退菌特、福美砷、炭疽福美等。

★ **20. 紫秆病**

〔发生规律〕 该病始见于抽穗后灌浆勾头之时。在华南稻区，以晚稻受害为重。高温干旱的年份受害重；肥水管理不当，中后期过施氮肥或缺肥、转色不正常的受害重；杂交稻比常规稻受害重；中迟熟比早熟品种受害重。

〔防治方法〕

(1) 选种 选用优质高产抗病水稻良种。

(2) 加强肥水管理 使禾苗前期生长健壮，中后期促控得当，叶骨硬直，叶色变浅但不过黄，根系保持活力，稳生稳长，增强植株抵抗力。

（3）除草　结合积肥，铲除田边杂草、自生苗、再生稻，以恶化害螨滋生基地。

（4）喷药杀螨控病　在幼穗分化期至齐穗期连续喷药 3 ~ 4 次，隔 10 ~ 15 天喷 1 次，在广东至少应在 10 月中上旬喷药 2 ~ 3 次；特别着重喷剑叶鞘。药剂可选用阿维菌素、双甲脒、单甲脒、哒螨灵、噻螨酮、农螨丹、克螨氰菊、苯丁锡硫等。

★ 21. 窄条斑病

〔发生规律〕　带病种子或病残体带菌为主要初侵染源，病菌在稻种上可存活至第 2 年 7 月。稻草上的病菌因存放场所不同，存活力有较大差异，深埋于草塘或沤粪时仅存活 5 天。第 2 年在适宜条件下产生分生孢子，随风雨传播至稻田，引起发病。病株产生分生孢子进行再侵染。病菌在 6 ~ 33℃ 间都可发育，25 ~ 28℃ 为最适。该病主要在抽穗期发病较重。缺磷、长势不良的发病重，长期深灌的发病重，阴雨高温气候有利于窄条病发生。单季晚稻一般受害较重。

〔防治方法〕

（1）选种　选用抗病品种，淘汰感病品种，并注意选留无病稻种；春耕前清理病稻草。

（2）加强肥水管理　施足基肥，早施追肥，增施磷肥和有机肥；合理灌溉，适时搁田，晚稻后期防止脱水过早，当冷空气来临前要灌水保温，防止早衰。

（3）化学防治　采用种子消毒处理和大田喷雾结合的方法，具体方法可参照稻瘟病。大田以破口期至齐穗期防效最好，孕穗期前施药无效。

二、水稻细菌性病害 >>>>

★ **22. 白叶枯病**

[发生规律] 在有足够菌源存在的前提下，白叶枯病的发生和流行主要受下列因素影响。

(1) 品种抗性 不同水稻类型、同类型不同品种间对白叶枯病的抗性差异很大，通常籼稻抗性较差，粳稻次之，糯稻最强。同一品种不同生育期的抗性也有差异，孕穗期最易感病，分蘖期次之，其他生育期相对较抗病。

水稻品种对白叶枯病的抗性受不同抗性基因控制。迄今，全世界已命名的水稻抗白叶枯病基因有 21 个，其中 $Xa22$、$Xa23$ 和 $Xa24$ 是我国科学家发现的。$Xa3$、$Xa4$、$Xa5$、$Xa7$、$Xa13$、$Xa21$、$Xa22$ 和 $Xa23$ 基因对我国水稻白叶枯病菌均具有广谱抗性。

(2) 气候条件 病害发生的适宜温度为 25～30℃，相对湿度在 80% 以上，低于 20℃、高于 33℃ 则受到抑制。在适温条件下，湿度、雨天和雨量是影响病害流行的主要因素。雾露、大雨、水多、湿度高，稻叶水孔张开，叶面有水膜，台风暴雨造成大量伤口，均有利于病菌的入侵和传播。若发生洪涝灾害淹没稻田，会降低稻株抗病力，病害极易暴发流行。

我国白叶枯病流行季节为：南方双季稻区早稻为 4～6 月，晚稻为 7～9 月；长江流域早、中、晚稻混栽区，早稻为 6～7 月、中稻为 7～8 月、晚稻为 8 月中旬～9 月中旬；北方单季稻区为 7～8 月。病害的发生、流行程度则取决于当年的温度高低、雨天长短、雨量大小及台风的强度和频率。

(3) 栽培管理 氮肥施用过多、过迟，磷、钾肥不足，稻株生长过旺，叶片披垂，稻株互相接触，通风透光不良，田间湿度大，叶片水孔张开等均有利于病菌的传播、侵入、生长、繁殖与扩散。稻田地势低洼、长期深灌、漫灌、串灌、不排水露田和晒田有利于病害扩展蔓延。

[防治方法]　防治水稻白叶枯病的关键是要早发现，早防治，封锁或铲除发病株和发病中心。发现病株或发病中心，大风暴雨后的发病田及邻近稻田，受淹和生长嫩绿稻田是防治的重点。秧田在秧苗3叶期及拔秧前2~3天用药；大田在水稻分蘖期及孕穗期的初发病阶段，特别是出现急性型病斑，且当时的气候有利于发病时，则需要立即施药防治。

（1）**实施检疫**　禁止随意调运种子，特别是从病区调运。

（2）**选用抗、耐病良种**　选用适合当地的2~3个主栽抗病品种。

（3）**妥善处理病草**　田间病草和晒场秕谷、稻草残体应尽早处理，烧掉；不用病草扎秧、覆盖、铺垫道路、堵塞稻田水口等。

（4）**培育无病壮秧**　严防秧田受涝，在秧苗3叶期及移植前各喷药预防1次。

（5）**加强肥水管理**　健全排灌系统，实行排灌分家，不准串灌、漫灌，严防涝害；按叶色变化科学用肥，配方施肥，使禾苗稳生稳长，壮而不过旺、绿而不贪青。

（6）**化学防治**　重发区应厉行种子消毒，大田则在水稻发病初期及时喷雾防治。

1）种子消毒：可选用氯溴异氰尿酸（消菌灵）、三氯异氰尿酸（强氯精）、噻唑锌、叶青双、"402"抗菌剂、中生菌素、石灰水（1%）等浸种12~48小时，再催芽、播种。

2）喷雾防治：在水稻发病初期重点施药挑治，封锁发病中心，控制病害于点发阶段。每次台风暴雨后应加强田间调查和测报。在常年发病区，应抓住台风暴雨过后、田间出现中心病株，或在株发病率5%、叶发病率3%时进行喷雾防治，并视病情发展和天气隔7~10天酌情再施药1~2次。药剂可选用噻森铜、噻唑锌、噻菌铜（龙克菌）、克菌壮、叶枯唑（又名噻枯唑、敌枯宁、叶枯宁、叶青双）、甲磺酰菌唑、农用链霉素、氯霉素、中生菌素、氟硅唑咪酰胺、氯溴异氰尿酸（消菌灵）、三氯异氰尿酸、寡聚酸碘、叶枯净（杀枯净）、叶枯灵（渝—7802）、菌毒清、核苷溴吗啉胍、代森铵、氢氧化铜（冠菌清、可杀得、铜大师）等的单剂及部分药剂的复配剂如白枯灵（30%克菌·叶唑可湿性粉剂）。

★ 23. 细菌性条斑病

〔发生规律〕 在有菌源存在的前提下，细菌性条斑病的发生与流行主要受气候条件、品种抗病性及栽培管理技术等因素的影响。

病菌主要由稻种、稻草和自生稻带菌传染，成为初侵染源，也不排除野生稻、李氏禾的交叉传染。带菌种子的调运是病害远距离传播的主要途径。

病菌主要通过灌溉水和雨水接触秧苗，从气孔或伤口侵入，侵入后在气孔下室繁殖并扩展到薄壁组织的细胞间隙。叶脉对病菌扩展有阻挡作用，故在病部形成条斑。病斑上溢出的菌脓，可借风雨、露滴、水流及叶片之间的接触等途径传播，进行再侵染，使病害不断扩展蔓延。

（1）气候条件 高温、高湿有利于病害发生；台风暴雨造成伤口后，病害容易流行。

（2）品种抗病性 品种对细条病的抗性差异明显，选择种植抗性品种，利于控制病害的发生流行。

（3）栽培管理 偏施氮肥、灌水过深会加重发病。

〔防治方法〕

（1）加强检疫 该病仍属检疫对象，应加强检疫，防止调运带菌种子远距离传播。

（2）选用抗（耐）病水稻品种 选择适合当地的主栽抗病

品种。

（3）合理肥水管理　避免偏施、迟施氮肥，配合磷、钾肥，采用配方施肥技术。忌灌串水和深水。

（4）化学防治　采用种子处理和喷雾防治相结合的方法。

1）种子处理：在播种前进行。稻种在消毒处理前，应先晒种 1～3 天，这样可促进种子发芽和病菌萌动，以利于杀菌，以后用风、筛、簸、泥水、盐水选种，然后消毒。可选用强氯精、乙蒜素、代森铵、叶枯净或水稻力量等药剂兑水浸种 12～48 小时，捞出滤干（其中，用强氯精消毒的需清洗），催芽、播种；或用 35%～38% 工业盐酸 200 倍液浸种 72 小时，捞出冲洗净后，催芽、播种。

2）喷雾防治：秧田和本田发现病株或发病中心、大风暴雨后发病田及邻近稻田、受淹和生长嫩绿稻田要作为重点防治对象。秧田在秧苗 3 叶期及拔秧前 2～3 天用药；大田在水稻分蘖期及孕穗期的初发病阶段，特别是出现急性型病斑，且当时的气候有利于发病时，则需要施药防治。药剂可选用噻唑锌、噻菌铜（龙克菌）、叶青双、绿乳铜、铜氨合剂、氯溴异氰尿酸（杀菌王）、农用链霉素、金核霉素、没食子酸·戊唑醇等。

★ **24. 细菌性基腐病**

〔发生规律〕病原细菌可在病稻草、病稻桩和杂草上越冬。病菌从叶片上水孔、伤口及叶鞘和根系的伤口侵入，以根部或茎基部伤口侵入为主。侵入后在根基的气孔中系统感染，在整个生育期重复侵染。

水稻品间抗病性存在明显的差异。秧苗素质差，移栽时难拔、难洗，造成根部伤口，有利于病菌侵入，发病也重。早稻在移栽后开始出现症状，抽穗期进入发病高峰。晚稻秧田即可发病，孕穗期进入发病高峰。轮作、直播或小苗移栽稻的发病轻。

有机肥和钾肥缺少，偏施氮肥的发病较重。偏施或迟施氮素、稻苗嫩柔的发病重。分蘖末期不脱水或烤田过度易发病。地势低，黏重土壤通气性差发病重。晚稻发病一般重于早稻。

〔防治方法〕

（1）选用抗（耐）病品种　因地制宜地选用抗病性较强的品种。

（2）加强秧田管理，培育壮秧　移栽前要重施"起身肥"，使秧苗好拔好洗，避免秧苗根部和茎基受损。

（3）培育壮秧　提高插秧质量，避免深插，以利于秧苗返青快，分蘖早，长势好，增强抗病力。

（4）合理肥水管理　提倡水旱轮作，增施有机肥和钾肥，采用配方施肥技术，提倡稻草还田，均有显著减轻发病的作用。对病田撒生石灰可以消毒。

（5）化学防治　采用种子处理和田间喷雾防治结合的方法。

1）种子处理：播种前用药剂处理种子。药剂和方法可参照细菌性条斑病。

2）喷雾防治：发现病株或发病中心、大风暴雨后发病田及邻近稻田、受淹和生长嫩绿稻田是防治的重点。秧田在秧苗3叶期及拔秧前2~3天用药；大田在水稻分蘖期及孕穗期的初发病阶段，特别是出现急性型病斑，且当时的气候有利于发病时，则需要喷药防治。可用药剂参照白叶枯病。

★ **25. 细菌性褐条病**

〔发生规律〕病原菌在病残体或病种子上越冬，病菌借水流、暴风雨传播蔓延，从稻苗伤口或自然孔口侵入。凡低洼受淹稻田，或连日暴雨，受洪涝侵袭的田块都易发病，特别是秧苗受伤或受淹后发病重。高温、高湿、阴雨有利于发病，偏施氮肥的发病重，高秆品种较矮秆品种抗病。

〔防治方法〕

（1）整治排灌系统 避免洪水淹没稻田，应合理灌溉，防止深灌积水。

（2）加强秧田管理 避免串灌和防止淹苗。若遇洪水，则应尽早排水。

（3）增施有机肥 氮、磷、钾肥合理配合施用，增强植株抗病力。撒施石灰、草木灰，控制病害扩展，促进稻根再生；当水稻新根出现时，抓紧追施速效氮肥，促进稻株恢复生长，以减少损失。

（4）化学防治

1）种子处理：播种前进行稻种消毒，培育无病壮秧。药剂和处理方法参照白叶枯病。

2）喷雾防治：秧田和本田发病始期喷药防治。发现病株或发病中心、大风暴雨后发病田及邻近稻田、受淹和生长嫩绿稻田是防治的重点。秧田在秧苗 3 叶期及拔秧前 2 ~ 3 天用药；大田在水稻分蘖期及孕穗期的初发病阶段，特别是出现急性型病斑，且当时的气候有利于发病时，则需要施药防治；重发区，一般需要在水稻发病初期喷药 1 次，隔 7 ~ 10 天再喷 1 次，可用药剂参照白叶枯病。

★ **26. 细菌性褐斑病**

〔发生规律〕 病菌在种子和病组织中越冬，从伤口侵入寄主，也可从水孔、气孔侵入。细菌在水中可存活 20 ~ 30 天，随水流传播。暴雨、台风可加重病害发生，氮肥施用过多、深水灌溉或酸性土壤，均有利于发病。

〔防治方法〕

（1）选种 重病区注意选用抗病品种，淘汰易感病品种。

（2）严防病菌 及时处理带病稻草，杜绝病菌来源。

（3）加强肥水管理　不要过量追施氮肥，合理灌溉，及时排出田中暴雨积水。

（4）化学防治　同细菌性褐条病。

★ **27. 细菌性穗（谷）枯病**

〔发生规律〕　谷粒带菌。播种带病谷粒，遇有适宜的发病条件，即孕穗后期至抽穗杨花期遇阴雨适温易发病。不同品种的抗病性差异明显，台南6号、新竹糯等易感病，台湾的高雄籼、丰锦等极抗病；大陆一些籼型杂交稻组合、籼粳杂交稻等易感病。

〔防治方法〕

（1）加强检疫　该病属外检对象，防止病区扩大。

（2）选种　使用抗病品种。

（3）化学防治

1）种子处理：用代森铵、恶喹酸或春雷霉素等药剂浸种24～72小时可有效防治该病。

2）床土消毒：用春雷霉素颗粒剂混合床土或以春雷霉素、嗅硝丙二醇等药剂兑水浇灌床土，均有较好的防效。

3）本田喷雾保护：水稻破口前结合防治穗腐病、稻曲病兼治穗枯病，戊唑醇·肟菌酯·氢氧化铜复配对防治该病和稻曲病、穗腐病均有较好的防效。若需单独防治该病，可在孕穗期至齐穗期选用春雷霉素、噻唑锌、噻菌灵、恶喹酸、福美镍·春雷霉素等单剂或复配剂兑水喷施1～2次；此外，唑菌酮（S-0208）是防治穗枯病的特效药，在孕穗期和齐穗期施用均可获得高而稳定的防效。

三、水稻病毒类及线虫类病害　>>>>

★ **28. 条纹叶枯病**

〔发生规律〕　媒介昆虫灰飞虱刺吸感病稻株汁液时，病毒粒子经过口针进入灰飞虱体内，经过 5~20 天（多数为 7 天）的循回期后，可连续传毒 30~40 天。一般水稻在感病后 20 天开始表现症状。

该病在长江中下游稻区和江淮稻区发生较重，有 2 个明显的高峰期。第 1 个高峰在 7 月中旬，是由秧苗在秧田被小麦等其他生态环境上迁移而来的灰飞虱传毒，被害植株将病毒带到大田后造成的；第 2 个高峰为 7 月底 8 月初，是由秧苗移栽大田后受后续灰飞虱为害造成的。灰飞虱是否带毒及带毒多少是影响该病发生的最重要原因。水稻的不同播种方式、不同移栽时间、不同品种的发病轻重有别，一般早栽田重于迟栽田，直播田重于移栽田，米质好、植株软的水稻重于米质差、植株较硬的水稻品种，土质差的稻田重于肥沃的稻田。

〔防治方法〕　对条纹叶枯病等由昆虫传播的病毒病的防治，当前生产上较有效的是采用抗病水稻品种、栽培避害、物理隔离和药剂防治等方法。其中后三者均是以阻碍或减少媒介昆虫传毒，实现治虫防病的目标。

（1）抗性品种　选用抗病毒病的水稻良种是一种最为经济、有效的病毒病防治方法。江苏等地的实践证明，种植抗条纹叶枯病的水稻品种时，在不防治灰飞虱的条件下，条纹叶枯病的发生率一般低于 3%，对水稻产量的影响小。

（2）栽培避害　因地制宜地调整水稻移栽期，避开媒介昆虫迁移为害的高峰期。如江苏单季稻区通过适当推迟水稻播种期，避开前茬作物——小麦上迁出的灰飞虱，显著降低了水稻条纹叶枯病的发病率。

（3）物理隔离　在病毒病重发区，可通过在秧田覆盖无纺布或防虫网的办法，有效阻止灰飞虱的传毒，降低水稻病毒病的发生率。

（4）化学防治　包括种子处理和田间喷雾防治两种方式。

197

1）种子处理：用吡虫啉、噻虫嗪或呋虫胺等药剂浸种或拌种，均可有效防治秧苗期灰飞虱的病毒病传播率。

2）喷雾防治：在水稻苗期（秧田）和分蘖初期（本田前期），当灰飞虱达到防治指标时进行喷雾防治。防治指标为：秧田灰飞虱成虫数量，平均每平方米早稻有 18 头、晚稻有 5 头；本田前期灰飞虱成虫数量，每百丛有 100 头。可选药剂参见灰飞虱。

★ **29. 黑条矮缩病**

〔发生规律〕病毒主要在大麦、小麦病株上越冬，有部分也在灰飞虱体内越冬。第一代灰飞虱在病麦上接毒后到早稻、单季稻、晚稻和青玉米上传毒。稻田中繁殖的2、3代灰飞虱，在水稻病株上吸毒后，迁入晚稻和秋玉米传毒，晚稻上繁殖的灰飞虱成虫和越冬代若虫又进行传毒，传给大麦、小麦。由于灰飞虱不能在玉米上繁殖，故玉米对该病毒的再侵染作用不大。田间病毒通过麦—早稻—晚稻的途径完成侵染循环。灰飞虱最短获毒时间为30分钟，1~2天即可充分获毒，病毒在灰飞虱体内循回期为8~35天，接毒时间仅1分钟。稻株接毒后潜伏期为14~24天。晚稻早播比迟播的发病重，稻苗幼嫩的发病重。大麦与小麦的发病轻重、毒源多少，决定了水稻的发病程度。

〔防治方法〕同条纹叶枯病的防治方法。

★ **30. 南方水稻黑条矮缩病**

〔发生规律〕传播媒介——白背飞虱是迁飞性害虫，我国除华南和西南南部等地有少量越冬外，主要虫源来自东南亚等境外，且随东南季风由南逐步北迁。受此影响，该虫传播的南方黑条矮缩病的初始虫源，每年主要由迁入的白背飞虱成虫携带传入，并随着白背飞虱北迁而由南往北逐渐扩散。具体来说，白背飞虱长翅成虫于3月携带病毒随西南气流迁入珠江流域和云南红河州，4月迁至广东和广西北部、湘赣南部及黔闽中部，5月下旬~6月中下旬迁至湘赣中北部、鄂皖南部、闽北和浙南，6月下旬~7月初迁至鄂皖北部、浙中北部、苏沪及以北区域，8月下旬后，季风转向，白背飞虱再携毒随东北气流南迁。

早春迁入的带毒虫在拔节期前后的早稻上取食传毒，导致染病植株矮缩。同时，其子代若虫在病株上产生并获毒（获毒率为60%~80%），并在植株间移动而传染周边稻株，因早稻已进入分蘖后期而不表现明显矮缩症状，但可作为同代及后代白背飞虱获毒的毒源株；毒源植株上产生的白背成虫携毒迁飞或扩散，成为中稻或晚稻秧田及早期本田的侵染源。秋季带毒白背飞虱往南的回迁，可使越冬区的毒源基数增大。

不同播栽方式之间南方水稻黑条矮缩病的发生程度差异较大，由重到轻依次是：水直播、旱直播、肥床旱育手栽、塑盘旱育抛栽、塑盘旱育手栽。南方水稻单双季混栽现象普遍存在，栽插期拉长，为白背飞虱获毒、传毒和转移为害创造了有利条件，加速病害流行。南方甜玉米种植面积不断扩大，桥梁作物面积增加，为白背飞虱转移传毒和该病毒的流行扩散提供了广泛的食料和寄主场所。水稻生育期的长短及不同水稻品种的南方水稻黑条矮缩病发生程度，都有明显差异。

[防治方法]　防治南方水稻黑条矮缩病较有效的是采用抗病水稻品种、物理隔离和药剂防治等方法。其中后两者均是以阻碍或减少媒介昆虫传毒，实现治虫防病的目标。

（1）**抗性品种**　选用抗病毒病的水稻良种是一种最为经济、有效的病毒病防治方法。如抗南方黑条矮缩病的优质高产水稻品种——中浙优8号，在感病品种矮缩率达到100%时，在不防治情况下仍极少表现出明显的矮缩症状，产量损失少。

（2）**物理隔离**　在病毒病重发区，可通过在秧田覆盖无纺布或防虫网的办法，能有效阻止白背飞虱的传毒，降低水稻病毒病的发生率。

（3）**化学防治**　重发区可采用种子处理和田间喷雾两种方式进行防治。

1）种子处理：用吡虫啉、噻虫嗪或呋虫胺等药剂浸种或拌种，均可有效防治秧苗期白背飞虱对病毒病的传播。

2）喷雾防治：在水稻苗期（秧田）和分蘖初期（本田前期），当白背飞虱达到防治指标时进行喷雾防治。具体方法可参见白背飞虱。

★ **31. 普通矮缩病**

〔发生规律〕普通矮缩病的发生主要与以下因素有关。

（1）**气候条件**　水稻矮缩病毒的初侵染源和传毒介体主要是黑尾叶蝉，所以任何影响黑尾叶蝉越冬和生长繁殖的因素也都影响该病的发生流行程度，其中以气候条件和耕作制度最为重要。上年晚稻发病重，带毒黑尾叶蝉多，冬季气候较为温暖干燥，会利于带毒虫源越冬，若虫存活率高；遇上春季至早秋温、湿度适宜，特别是雨水较少、湿度不大等，有利于该病的发生流行。

（2）**耕作制度**　我国南方稻区曾由单季改为双季或由两熟改为三熟，甚至有的还是早、中、晚稻混栽，给黑尾叶蝉不断繁殖和虫口密度迅速增长创造了极为有利的条件，从而使该病不断扩展蔓延以至流行。

（3）**水稻品种**　高秆改矮秆。若肥水管理不当，则水稻长势茂盛，叶色浓绿，植株柔嫩，容易诱集黑尾叶蝉为害和传病，因而该病也往往发生严重。在种植杂交水稻的田块，由于播种期较早，施肥水平也高，叶色浓绿，所以黑尾叶蝉迁入量较多，而杂交稻的种植密度较稀，丛株数少，在秧田及大田初期的单株虫口密度较一般品种的大，感染该病的机会增多。

[防治方法]　该病的防治应以抓住黑尾叶蝉迁飞高峰期和水稻主要感病期的治虫防病为中心，并加强农业防治措施，可收到良好的防治效果。

(1) 农业防治

1）选种和选育抗（耐）病品种。目前虽无高度抗病品种。但品种间的抗病性有一定差异；同时还需进一步开展品种资源的筛选，加强抗病育种工作。

2）早、中、晚稻秧田尽量远离重病田，集中育苗管理，减少感病机会。

3）生育期相同或相近的品种应连片种植，不种插花田，以减少黑尾叶蝉往返迁移传病的机会，并有利于治虫防病工作的开展。

4）在早期发现病情后及时治虫，并加强肥水管理，促进健苗早发，可减少病害。

5）早稻收割时，有计划地分片集中收割，从四周向中央收割，使黑尾叶蝉被驱赶集中在中央余留的小面积稻株上，然后进行药杀。

(2) 治虫防病　重点做好黑尾叶蝉在两个迁移高峰期的防治，特别注意做好黑尾叶蝉集中取食而又处于易感期的早、晚秧田和返青分蘖期的防治。其中，第一高峰是越冬代成虫迁飞盛期，着重做好早稻秧田和早插本田的防治，同时在第1代若虫孵化盛期注意迟插早、中稻秧田的防治；第二个高峰是第2、3代成虫迁飞期，是全年治虫防病的关键时期，除应注意保护连晚秧田，做好边收早稻边治虫和本田田边封锁外，特别对早插田应在插秧后立即喷药防治；重发区可每隔4~5天打1次药，连续2~3次。药剂选用参照黑尾叶蝉。

201

> 📢 **提示**　水稻不同生育阶段的防治指标：秧田期早稻，每平方米有黑尾叶蝉成虫9头；连晚秧田露青后，每平方米有成虫18头。早、晚稻本田初期（插后10天内），每百丛有成虫100头。特别是与早稻相邻的连晚边行，插秧后应立即防治。

★ 32. 瘤（疣）矮病

〔发生规律〕　在电光叶蝉体内病毒循回期为13～24天，最短获毒时间为24小时，可终身带毒和持久性传毒，但不经卵传毒。华南稻区瘤（疣）矮病毒的田间自然越冬寄主植物主要为再生稻和自生稻，其带毒率分别为64%~100%、28%~41%。媒介昆虫在广东冬季可繁殖1～2代，若虫在感病株再生稻上可再获毒和传毒。

该病主要为害晚稻，尤以杂交稻受害重，目前尚未发现抗性品种。早稻受害轻，但它是晚稻的主要侵染源。晚稻播种后，从秧苗期开始即受侵害，特别是早稻收割后，秧田虫口激增，秧苗感病率随之增高。稻苗6叶龄前较易感病，9叶龄后感病但不发病；早播早插的发病重。

〔防治方法〕　在病毒流行区，防治重点应集中在晚稻，可采用种子处理和喷雾防治两种方式，通过控制媒介昆虫实现对病害的防治。药剂种类可参照黑尾叶蝉。

（1）种子处理　播种前采用浸种或拌种方式可有效控制秧田期媒介昆虫及其传播的病毒病。

（2）化学防治　重点防治秧田期和本田初期媒介昆虫及其病毒病。

1）秧田：早稻秧田，平均每平方米有电光叶蝉、黑尾叶蝉和二点黑尾叶蝉成虫9头以上；双季晚稻秧田露青后，每平方米有成虫18头以上。一般每隔4～5天喷1次药，连续2～3次。

2）本田：早、晚稻本田初期（插后 10 天内），每百丛有成虫 100 头以上，特别是双季晚稻边行，与早稻相邻的晚稻，应插秧后即防治。

★ **33. 水稻黄矮病**

〔发生规律〕　水稻黄矮病必须通过媒介昆虫才能传播，摩擦接种、注射病毒等方式都不能使病毒侵染植物。病毒在寄主植物中不但能通过细胞壁从一个细胞进入相邻的细胞，还可以通过维管束转移。黑尾叶蝉通过取食病株汁液获毒，获毒时间最短为 5 分钟，多数需要 12 小时以上。黑尾叶蝉在 4 龄之前不能传毒，成虫期传毒能力最强，传毒时间为 3~5 分钟。

病毒在若虫体内越冬，越冬若虫多在稻田看麦娘、田边或沟边杂草及春收作物田中取食；第 2 年春季病毒随越冬虫迁移侵染早稻，成为初侵染来源。早稻上繁殖的第 2、3 代叶蝉从病株上取食获毒，随后迁向晚稻，把病毒传播给晚稻，10 月中下旬，随着晚稻的黄熟和收获，病毒又在带毒的若虫体内越冬，完成病毒的年侵染循环。所有影响叶蝉越冬和生长繁殖的因素也都影响病害的发生和流行程度，其中以气候条件和耕作制度最为重要。

〔防治方法〕　病毒流行区，可采用种子处理和喷雾防治两种方式进行防治，通过控制媒介昆虫实现对病害的防治。具体方法参照水稻瘤（疣）矮病。

★ **34. 东格鲁病**

〔发生规律〕　该病多见于亚洲热带稻区，我国仅见于华南稻区。病毒寄主除水稻外，还有稗草、野生稻等杂草。病毒由二小点黑尾叶蝉等媒介昆虫传播，接触或汁液摩擦不能传播。二小点黑尾叶蝉最短获毒时间为 30 分钟，最短传播时间为 15 分钟。该病毒在叶蝉体内的循回期不明显，传毒时间可持续 5~7 天，7 天后很难传毒。媒介昆虫获毒时间与温度、水稻苗龄有关，温度高、秧龄小，获毒快。病害在水稻的潜育期为 11 ~ 45 天，一般约 20 天。水稻品种间的抗性有差异。

热带地区叶蝉终年发生，世代数多，该病发生严重。非水稻生长季节，主要以若虫和少量成虫在稻田杂草、再生稻及周边杂草上取食，种植水稻后于秧苗期转移到稻田取食和传毒。

〔防治方法〕

（1）选种 因地制宜地选用水稻抗病品种。

（2）化学防治 在发病重的地区，采用药剂防治二小点叶蝉等传毒介体，以减少其传毒概率。具体方法参照水稻瘤（疣）矮病。

★ **35. 齿叶矮缩病**

〔发生规律〕 该病传毒媒介主要是褐飞虱（*Nilaparvata lugeas*），传毒率为 2.5% ~ 55%。病毒在虫体内循回期为 10 天，能终身传毒，但不能经卵传至下一代，有间歇传毒现象，间歇期为 1 ~ 6 天，水稻感染病毒后经 13 ~ 15 天潜伏才显症；潜伏期长短与气温相关。该病毒除侵染水稻外，还可侵染麦类、玉米、甘蔗、稗草、李氏禾等。

〔防治方法〕 可采用物理隔离和药剂防治等方法，具体方法参照南方水稻黑条矮缩病，药剂种类参见褐飞虱。

★ **36. 水稻草丛矮缩病**

该病的发生规律与防治方法，与水稻齿叶矮缩病的相同，可以此为参照。

★ **37. 干尖线虫病**

〔发生规律〕 水稻干尖线虫若虫和成虫在干燥条件下存活力较强，在水中和土壤中不能长期生存，故水稻感病种子是主要初侵染源。线虫以成虫或 4 龄若虫在米粒与颖壳间越冬但从不侵入米粒内，干燥条件可存活 3 年，浸水条件下能存活 30 天。种子遇水后，线虫开始复苏并游离至水和土壤中，遇幼芽从芽鞘、叶鞘缝钻入，附于生长点、腋芽及新生嫩叶尖端细胞外营外寄生生活，以吻针刺入细胞吸食汁液致使被害叶形成干尖。随稻株生长，线虫逐渐向上部移动，数量逐渐增加。孕穗初期之前，线虫多在植株上部几节的叶鞘内，幼穗形成时侵入穗原基，孕穗期集中在幼穗颖壳，花期后主要分布于稻穗上并且虫量增幅达91%。线虫进入小花后先迅速繁殖，后逐渐失水进入休眠状态，形成穗粒带虫；饱粒种子中带虫率远高于秕谷。水稻整个生育期内线虫可繁殖1~2代。线虫在秧田期和本田初期靠灌溉水传播，并扩大为害；远距离传播则主要依靠种苗调运或稻壳作为商品包的填充物。不同水稻品种在症状表现和线虫数量上表现差异较大；早熟品种受害较轻，多数籼稻品种对干尖线虫表现耐病。

线虫在土壤中不能营腐生生活；耐寒冷，但不耐高温，其活动适宜温度为20~26℃，44℃下4小时或42℃下16小时死亡；迁移最适温度为25~30℃，相对湿度越高，线虫迁移率越高。不同线虫种群间存在繁殖力和致病力等方面的差异，如来自不同地区的线虫种群之间繁殖力可能不同，来自水稻的线虫种群对水稻的致病力强于来源于草莓的线虫种群；不同线虫种群均能孤雌生殖，但后代雌雄比有较大差异。水稻干尖线虫在水稻上的繁殖数与致病力之间也并不一定呈正相关。水稻干尖线虫对汞和氰的抵抗力较强，但对硝酸银很敏感。

[防治方法] 选用抗（耐）病品种和无病种子，且播种前进行种子消毒处理是最有效的防治方法。

（1）选用抗（耐）病品种 避免使用感病品种，采用抗病或耐病品种。冷凉地区可选用早熟品种以降低损失。

（2）选用无病种子 选用无病种子，加强检疫，严格禁止从病区调运种子。

（3）秧田期科学管理 秧田期可降低播种密度，防止大水漫灌、串灌，减少线虫随水流传播的机会。

（4）种子处理　种子播种前用温水或药剂处理，是防治干尖线虫病简单有效的方法。

1）温水浸种：稻种先用冷水预浸 24 小时，然后移入 45～47℃温水中浸 5 分钟，再移入 52～54℃温水中浸 10 分钟，立即冷却、催芽、播种。

2）药剂浸种：可选用线菌灵、线菌清、菌虫清 2 号、杀线酯（醋酸乙酯）或杀螟丹（巴丹）、二硫氰基甲烷、敌敌畏等药剂浸种 48 小时，捞出冲洗干净、催芽、播种。市面上通常有一些兼顾恶苗病预防的复合药剂可选用，如与咪鲜胺、乙蒜素等的复配剂品种有恶线清（16% 咪鲜·杀螟，含 4% 咪鲜胺和 12% 杀螟丹）、稻种清（18% 咪鲜·杀螟，含 8% 咪鲜胺和 10% 杀螟丹）等。

⚠️ **注意**　不同水稻品种对杀螟丹的敏感性不同，用杀螟丹或其复配剂浸稻种时应先进行浸种发芽试验，避免产生药害。

（5）其他方法　秧田在秧苗二、三叶期可撒施克线磷药土进行防治；在大田发生时尚无针对性药剂，应通过前述防治方法避免大田发生。

★ **38. 根结线虫病**

〔发生规律〕水稻根结线虫病多发生在海拔 100～300 米的半山区和山区。据研究，海南根结线虫只是 2 龄幼虫侵染新根，主要侵染源是带虫的病稻根、田间感病杂草、土壤和水；线虫在田间一般有 2 个侵染高峰，第 1 个高峰在水稻分蘖初期，第 2 个高峰在幼穗分化期。2 龄幼虫侵入新根后，进入根皮与中柱间取食，导致根部细胞过度生长形成膨大的根瘤（根结）；幼虫在新根组织中生长发育，经 3 次蜕皮发育成成虫。雌虫成熟后在根结内产卵，卵发育后先在卵内长成 1 龄幼虫，经蜕皮并破卵壳而出成为侵染性 2 龄幼虫，多数直接离开根部进入稻田中伺机侵染新根。海南根结线虫完成胚胎发育的时间需 14 ~ 18 天，再从幼虫侵染到产卵约需 30 天；一个水稻生长季节大约可繁殖 2 个世代。早稻、晚稻及水稻整个生育期都易感染发病。不同水稻品种的感病性有一定差异。一般瘦田重，肥田轻；酸性较大的田块重；砂土重，黏土轻；湿田重，旱田轻；冬浸田重，冬犁田轻。

〔防治方法〕 采取农业措施为主，辅以药剂防治的方法进行防治。

(1) **培育健康秧苗** 择无根结线虫的田块作为秧田，培育无线虫秧苗，这是事半功倍的措施之一。

(2) **犁冬晒白、冬种旱作** 由于根结线虫在稻茬和杂草的根部越冬，所以犁翻使稻根曝晒，可灭虫而减少虫源。此外，在收割晚稻后，冬种旱作（如蔬菜、烟草、绿肥、油菜等），可以使稻田虫源减少，并改善稻田生态环境，有明显防病增产的效果。

提示 由于根结线虫的田间寄主包括一些田间杂草，因此清除田间杂草可以提高水稻根结线虫的防治效果。

(3) **合理肥水管理** 增施钾肥和有机肥可以增强植株长势，降低线虫数量。由南方根结线虫等侵染引起的水稻根结线虫病，可以用较长时间灌水管理的办法获得良好的防治效果；而对于由海南根结线虫、拟禾本科根结线虫等侵染的水稻根结线虫病也可以通过育秧期和本田期持续灌水的方法收到较好的控制效果。

(4) **化学防治** 主要以在秧田施用杀线剂为宜，因为药剂成本、毒性都较高，不提倡大田使用。可选用氟乐灵或巴丹等药剂，每亩拌细土 25 ~ 30 千克，于播种前 7 天施在秧床上。

四、水稻生理性病害及其他危害 >>>>>

★ **39. 赤枯病**

〔发生规律〕 赤枯病属生理性病害，由于钾、磷、锌等营养元素的供应缺乏或不能被吸收利用而致病。多见于山区秧地稻田、靠雨水的"望天田"、轻沙质田、过酸的红壤或黄壤稻田。这些稻田或者有机质缺乏，上述营养元素含量低或其溶解度低，难以被吸收利用。还有氮、磷、钾、钙等营养元素不平衡，也会影响稻株对磷、钾、锌等的吸收利用，从而导致植株矮小，分蘖减少，叶片窄短、直立、卷曲、皱褶和出现红褐色斑点等缺素症状。

稻株根系变黑、朽腐，多见于土壤通透不良的"烂泥田"、地下水位高的"湖洋田"、长期积水的"深灌田"、酸性过强的"铁锈田"、山坑串灌的"冷底田"等；或因施用未充分腐熟的厩肥、堆肥、饼肥，或绿肥施用过量，在温度较低时有机质分解缓慢，温度升高时又急剧分解，形成土壤缺氧，在嫌气状态下有机质分解形成硫化氢等多种有毒物质，毒害稻株根部，使生长受阻，叶片也由下而上表现赤枯症状。

〔防治方法〕 采取综合性措施，以预防为主，并根据不同发生类型进行针对性防治。

（1）精耕细作，提高土壤熟化程度 前茬收获后及时耕翻晒田。土质差的要调换客土，种好绿肥增施厩肥、土杂肥，促使土壤形成圆粒结构，发挥土壤潜在肥力。

（2）合理施肥，提高基肥质量 多施腐熟有机肥，增施磷钾肥、绿肥，秸秆还田的田块，最迟在插秧前 10 天翻灌，且每亩撒施生石灰 50 千克，以加速绿肥及秸秆腐烂分解；也可先将绿肥或秸秆进行沤制后再还田。

（3）**加强田间管理，改进栽培措施** 采用培育壮秧、抛秧、浅水勤灌等栽培措施，提高田间排灌系统标准，减少水、肥渗漏，适时搁田和追肥。

（4）**采取相应措施，提高稻株抗病能力** 对缺钾土壤，应补施钾肥，适当追施速效氮肥；施用有机质过多的发酵田块，应立即排水，每亩施石膏 2～3 千克后耘稻露田、晒田；低温阴雨期间，及时排掉温度较低的雨水，换灌温度较高的河水。对已发生赤枯病的田块，应立即搁田，在追施氮肥的同时，结合配施钾肥，随后耘田，促进稻根发育，提高吸肥能力。也可喷施 1% 的氯化钾溶液或 0.2% 的磷酸二氢钾溶液。

★ **40. 水稻氮素失调**

〔发生规律〕 植物养分的主要来源是土壤。我国土壤全氮含量的基本分布特点是东北平原较高，黄淮海平原、西北高原、内蒙古和新疆等地较低，华东、华南、中南、西南地区中等。一般认为，土壤全氮含量小于 0.2% 时，作物即有可能表现缺氮。据调查，我国大部分耕地的土壤全氮含量都在 0.2% 以下，这就是我国几乎所有农田都需要施用化学氮肥的原因。

我国农田相对严重缺氮的土壤主要分布在西北和华北地区。如果把土壤全氮含量等于 0.075% 作为严重缺氮的界限，严重缺氮耕地面积超过一半的有山东、河北、河南、陕西、新疆 5 个省、自治区。

我国耕地在大部分缺氮的情况下，局部耕地由于人为因素大量施用氮肥，造成氮素过剩，特别是氮、磷、钾及其他中量和微量元素的不均衡施用，造成水稻肥料吸收不平衡，也会显现氮素过量的症状。

〔防治方法〕 一般生产 100 千克稻谷需氮素 1.5～1.9 千克、磷素（P_2O_5）0.8～1.0 千克、钾素（K_2O）1.8～3.8 千克，三者的比例约为2∶1∶3。水稻各生育期对养分的吸收，以幼穗分化期至出穗期吸收最多，约占总需求量的50%；移栽至分蘖期次之，约占35%；抽穗后仅占15%左右。

对缺氮的禾苗，可用氮、磷肥或氮、钾肥混合点穴或塞穴；对缺钾的禾苗，可用氮、钾肥混合点穴或塞穴；对缺磷的禾苗，可用氮、磷肥混合点穴或塞穴。

★ 41. 水稻缺磷

〔发生规律〕 我国耕地土壤速效磷（P）含量小于5毫克/千克的严重缺磷面积占50.5%，含量在5~10毫克/千克的需要施用磷肥的面积占31%。其中又以黄淮海平原和西北地区土壤缺磷比较严重，施用磷肥有良好的效果。稻秧缺磷发僵一般多发生于红壤或黄壤水田，这类土壤本身含磷量低；还有冷水田、高山水田和还原性强的水田，由于低温和还原条件的影响，水稻对磷的吸收代谢功能很弱，也易表现缺磷。

〔防治方法〕 对于红黄壤田，要增施磷肥，尤以钙镁磷复合肥为好。可用钙镁磷肥拌种、撒施秧田或插秧时蘸秧根，或插后几天追施磷肥，对缺磷僵苗可喷洒0.2%的磷酸二氢钾。对冷水田、高山水田主要提高土壤温度，促进根系活力，增强植株吸收磷素的能力。可排除低温积水，实行浅灌、勤灌，多次露晒田，提高土温，适当施用石灰及草木灰等。

★ 42. 水稻缺钾

〔发生规律〕 过去我国长期施用有机肥料和草木灰，每年土壤中的钾素得到补充，加之土壤钾含量较氮、磷丰富，故以往施用钾肥虽少，土壤却不表现缺钾。近40年来，由于作物单位面积产量不断提高，氮、磷的消耗量增加，以及有机肥用量的减少，不少地区作物出现了缺钾症状。我国缺钾土壤已从南方沿海地区扩大到东北三省，约有70%的农作物耕地缺钾，已成为制约我国农业生产水平提高的重要因素。土壤缺钾主要由 3 个方面的因素造成：一是土壤本身排水不良或排水过度，pH 很高或很低；二是气候条件方面，降水量高的地区，从湿润突然变为干旱或始终高湿度；三是管理方面，氮、钙和镁肥施用过量，从田间取走作物残体和新鲜有机肥施用过量。

〔防治方法〕　一般腐殖质少的沙质浅脚田块和岗旁红壤低肥田块，每亩施用 15 千克左右的氧化钾，较肥的田块每亩施用 10 千克左右。同时要注重测土配方施肥及水分、植保等管理配套措施，一般钾宜作为底肥施用，可使钾在本田发挥它的功能效应，最终能促进和提高作物产量等功效。对缺钾的禾苗，可用氮、钾肥混合点穴或塞穴。

★ **43. 水稻缺锌**

〔发生规律〕　近年来，由于大量施用氮、磷、钾化肥，而施用的有机肥逐渐减少，土壤中微量元素含量越来越缺乏，不仅严重影响农作物产量，而且造成农产品品质下降。易发生缺锌的稻田主要集中在土壤 pH 过高、通气不良、土壤中碳酸钙含量过高的盐碱地。另外，施用磷肥过多、早春土壤温度太低等均可影响水稻根系吸收，造成锌的利用效率降低，导致缺锌症的发生。其他如全锌含量低的沙质土壤、中性或碱性土壤，尤其是石灰性土壤、细黏粒和粉粒含量高的土壤、有效磷含量高的土壤、一些有机土和平整土地受风蚀或水蚀而暴露出的底土，都是常见的缺锌土壤。

〔防治方法〕　改良土壤结构，降低地下水位，排除冷水；多施酸性肥（如硫酸铵等），以降低土壤 pH；增施厩肥和土杂肥，以改良有机质含量低的水田。

（1）做底肥　插秧前耙田时做底肥施入锌肥，底肥施锌能改善缺锌。每公顷一般施用量 15 ~ 25 千克，沙质土壤每亩施 1.0 ~

1.2 千克，黏质土壤每亩施 0.8 ~ 1.0 克。底肥施 1 次，可使 2 ~ 3 茬作物不会缺锌。据有关资料记载，每亩施 1 千克锌作为底肥，能增加单位产量 8.8%，且能大大提高稻米品质。

（2）磷、锌配施 磷、锌肥配合施用能促进水稻吸收能力，提高秧苗的抗逆性，预防早稻田因气温低等原因发生的僵苗现象。一般在水稻插后活蔸 7 ~ 8 天，每亩施锌磷（1:10 比例）混合肥 18 千克左右，能大大提高产量，增强抗逆性，抗高温能力，改善米质。

（3）苗床施锌 移栽前一天每平方米苗床喷施 40 克硫酸锌（用大眼壶喷施，然后用清水洗苗）。

（4）移栽时蘸秧根肥 每亩大田用硫酸锌 0.5 千克，加 10 ~ 20 倍过筛干猪粪粉，以水调成糊状，随蘸随插秧。

（5）做面肥撒施 水稻整地移栽时，可将硫酸锌撒施田间做面肥，每亩施 1 千克。

（6）移栽后追施 插秧后秧苗成活时追肥，每亩施 1.0 ~ 1.3 千克。

（7）叶面喷施 可用 0.2% ~ 0.3% 的硫酸锌溶液进行叶面喷施，每亩用药液 50 ~ 60 千克。一般可喷施 2 次，间隔 4 ~ 6 天。喷肥宜在无风、晴天上午 8：00 ~ 10：00 和下午 4：00 后进行。

★ 44. 水稻缺铁

[发生规律] 在酸性土壤环境中，植物对铁的吸收率高，不易发生缺铁现象，但在碱性石灰质土壤环境中，植物吸收铁的有效性很低。这是因为铁元素存在两种化合价，即高价铁（Fe^{3+}）和亚铁（Fe^{2+}，有效铁），在植物体内高价铁占优势，并且很容易被还原为亚铁，但植物从土壤中不能吸收高价铁，当土壤的 pH 高时高价铁多，影响对铁的吸收，植物常常出现缺铁失绿症。我国华北平原、内蒙古草原和甘肃、青海的碱性石灰质土壤普遍缺铁。

土壤湿度高、土温低或大量施用磷肥也常引起缺铁。

[防治方法]　叶面喷施含铁元素。可以叶面喷施硫酸亚铁或氯化铁溶液，但因铁在体内不易移动，故只有含铁溶液附着的部分才能恢复绿色，其余部分仍表现缺乏症；因而最好将喷液配稀一些，重复多次且全面喷施，剂量可用0.1%~0.2%。此外，施用硫酸铵、氯化铵、氯化钾等易使土壤变酸性的酸性肥料，或施用铁的螯合物（即使在中性或碱性土壤中也很少变为不溶性），均可有效解决水稻缺铁问题。

★ **45. 水稻缺钙**

[发生规律]　植物缺钙往往并不是土壤缺钙，而是由于植物体内钙的吸收和运输等生理功能失调而造成的。我国土壤的全钙含量，不同的地区差异较大。高温多雨湿润地区，不论母质含钙多少，在漫长的风化、成土过程中，钙受淋失后含钙量都很低，如红壤、黄壤的全钙含量在4克/千克以下，容易造成植株缺钙；而在淋溶作用弱的干旱、半干旱地区，土壤全钙含量通常在10克/千克左右，一般不缺钙。

[防治方法]

（1）施用钙肥或钙元素　酸性土壤缺钙，可施用生石灰和钙肥，既提供了钙营养，又中和了土壤酸性。对于中性、碱性土壤，鉴于原因都出于根系吸收受阻，土壤施用无效，应改用叶面喷施，一般用0.3%~0.5%氯化钙溶液，连喷数次。

（2）控制水溶性氮磷钾肥的用量　在含盐量较高及水分供应不足的土壤上，应严格控制水溶性氮、磷、钾肥料的用量，尤其是一次性的施用量不能太大，以防土壤的盐浓度急剧上升，避免因土壤溶液的渗透势过高而抑制水稻根系对钙的吸收。

（3）合理灌溉　在易受旱的土壤上及在干旱的气候条件下，要及时灌溉，以利于土壤中钙离子向水稻根系迁移，促进钙的吸收，可防止缺钙症的发生。

★ 46. 低温冷害

〔发生规律〕 我国从海南到黑龙江，从黑龙江到新疆均有水稻种植，所处地理位置南北纬度相差 31°，海拔相差 2700 米，生长季节长短悬殊，光、温、水等生态条件各异，形成各自的稻作制度、品种类型和种植方式，各地冷害发生概率、类型和危害程度也不同。

在水稻各个生育时期，如果气温急剧下降，低于水稻生长适宜温度或最低耐受温度，水稻的生长发育就会受到不利影响。在播种后和 2～3 叶苗期遇有日平均气温持续低于 12℃，易发生烂种、烂秧、立枯病和青枯病。孕穗期受冷害则颖花减少，幼穗发育受限制。开花期受冷害常导致不育，即出现受精障碍。低温常使开花期延迟，成熟期推迟，造成谷粒发育不良。成熟期受冷害使谷粒生长变慢，遭受霜冻时，成熟进程停止，千粒重下降，造成水稻大面积减产。

早稻播种育秧期，全国各稻区常会发生早春低温阴雨、倒春寒等，影响早稻秧苗的正常生长。在华南及长江以南、西南的早稻区，在水稻抽穗扬花期遇上低温阴雨的梅雨季节，会影响水稻正常抽穗、灌浆。长江中下游双季晚稻，华北、东北迟插单季稻，水稻抽穗扬花期也常会遇到"寒露风"的危害。

〔防治方法〕

(1) 适期播种 各地应根据当地气候条件和水稻品种生育期适期播种，是避开冷害的关键。

(2) 选用抗（耐）冷品种 选用适合当地的抗冷的新品种。如滇粳 39 号、40 号，花粳 45，辽粳 244，藤系 144，皖稻 63 号，鄂籼杂 2 号，合系 30，宁粳 15 号、6 号，87-9 等。

(3) 培育壮秧 旱育稀播、培育壮秧早插；秧田应适当控制氮肥用量，少施速效氮肥，施足磷、钾肥，培育磷、钾含量高的壮秧，不仅抗寒力强，而且栽插到冷浸田中也不至因磷、钾吸收不良而发病。

（4）合理施肥促早发 为防晚稻后期低温冷害，在施肥上采取促早发施肥，即施肥水平较高的稻田，按基肥：分蘖肥：孕穗肥为 40：30：30 的比例施肥。

（5）以水调温减缓冷害 在气温低于 17℃ 的自然条件下，采用夜灌河水的办法，对减数分裂期和抽穗期冷害都有一定的防御效果。

（6）冷害来临，应急补救 在水稻开花期发生冷害时喷施各种化学药物和肥料，如"920"、硼砂、萘乙酸、激动素、2，4-D、尿素、过磷酸钙和氯化钾等，都有一定的防治效果。据试验，喷 30 毫克/千克的"920"和 2.0% 的过磷酸钙液混合喷施，在冷害时可减少空粒率 5% 左右，减少秕粒率 5%~8%。另外，喷施叶面保温剂在秧苗期、减数分裂期及开花灌浆期的防御冷害上都具有良好的效果。

★ **47. 高温热害**

〔发生规律〕 当水稻在最敏感的抽穗期、开花期遇到连续 3 天以上日最高气温超过 35℃ 的高温天气时，常易出现高温热害。水稻在开花期，高温妨碍花粉成熟、花药的开裂、花粉在柱头上发芽及花粉管的伸长，由此导致的不受精对水稻的危害最严重。这一时期是水稻对高温的敏感期，尤其是开花当天遇有高温胁迫，易诱发小花不育，造成受精障碍，严重降低结实率及产量。

长江中下游稻区高温热害较常见，7 月中下旬~8 月上旬是一年中最高气温超过 35℃ 的季节，经常出现日平均气温在 30℃ 以上，日最高气温在 35℃ 以上的高温天气，极端最高气温可达 38℃ 以上，相对湿度在 70% 以下，而此时双季早稻常处于对高温最敏感的抽穗期、开花期，易造成抽穗不开花、不灌浆，形成大量瘪谷，严重减产。

[防治方法] 减轻或避免高温热害的威胁，除选择抗高温的品种，调整播栽期使水稻对高温伤害的敏感阶段避过高温天气外，还可在高温期将临或到来时，通过增施肥料、水层管理、实施喷灌降温和使用化学药剂等应急措施。

（1）选用抗（耐）热水稻品种 如籼稻中的优早3号、9136、珍油占等。粳稻的抗热品种，主要集中在辽宁、吉林、北京等北方稻区。

（2）适期播栽 通过适期播种、适时移栽，使水稻开花期避开高温胁迫的时间，减少损失。

（3）增施肥料 对后劲不足的禾苗，在最后一片叶全展时，每亩可追施尿素2～2.5千克或草木灰400～500千克；在始穗至齐穗期间用尿素、过磷酸钙等兑水进行叶面喷肥，有利于提高结实率和千粒重；此外，灌浆期至孕穗期每亩施用多得稀土纯营养剂50克，隔10～15天喷1次，连续喷2～3次，也可减轻热害的损失。

（4）水层管理 扬花期要浅水勤灌、日灌夜排、适时落干，防止断水过早，以改善稻田小气候，促进根系健壮，增强抗高温的能力。高温时白天加深水层，可降低穗部温度1～2℃。日灌夜排可增大昼夜温差，效果更好。

（5）喷灌 水稻敏感生育期与高温相遇时，有条件的地方可通过喷灌增湿降温。一般喷灌1次可使田间气温下降2℃以上，相对湿度增加10%～20%，有效时间约为2小时，喷灌可降低空秕率2%～6%，增加千粒重0.8～1.0克。盛花期前后喷灌的增产效果最显著。

（6）喷洒化学药剂 每亩用硫酸锌0.1千克、食盐0.25千克或磷酸二氢钾0.1千克兑水喷施叶面；或在高温出现前喷洒50毫克/千克的维生素C或3%的过磷酸钙溶液，都有减轻高温伤害的效果。

★ **48. 水稻倒伏**

〔发生规律〕 在水稻生长过程中经常发生不同程度的倒伏。常见的有两种：一是基部倒伏，二是折秆倒伏，前者是水稻倒伏的主要现象。倒伏多发生在水稻生长的中后期，尤其是乳熟期至成熟期，这时正值水稻籽粒灌浆，穗头较重，若遇易造成倒伏的内、外在条件，则极易出现倒伏现象。前期遇洪涝、淹水的稻田也易发生倒伏。

〔防治方法〕 水稻倒伏是多种因素造成的，应采取综合性防治措施。

（1）**因地制宜地选用适合当地的 2 ~ 3 个抗倒伏品种** 如早稻有中 106，中丝 2 号，鄂汕杂 1 号，桂引 901 等抗倒伏的品种；中稻可选用东农 419，嘉手，豫粳 6 号，香宝 3 号，八桂占 2 号，宁粳 17 号，藤系 144 等；晚稻可选用津稻 308，津星 1 号，冀粳 14 号、15 号，花粳 45，辽粳 244、287，沈农 9017，东农 419，毕粳 37，宁粳 15 号，雪峰，龙粳 4 号等抗倒伏品种。

（2）**采用配方施肥技术** 合理施用氮、磷、钾肥，防止偏施、过施氮肥，必要时喷洒惠满丰（高美施），每亩用 210 ~ 240 毫升，兑水稀释 300 ~ 500 倍喷叶 1 ~ 2 次；或用促丰宝 Ⅱ 型活性液肥 600 ~ 800 倍液。

（3）**合理密植，后期加强病虫害的防治** 及时防控好基部病虫害，如稻飞虱、纹枯病、小球菌核病、秆腐病及基腐病等。

（4）**化学防治** 对有倒伏趋势的直播水稻在拔节初期喷洒 5% 烯效唑乳油 100 毫克/千克，也可选用壮丰安水稻专用型，防倒伏效果优异。

（5）**忌漫灌** 避免长期深水漫灌，尤其是灌浆期至黄熟期宜采用干湿交替的方法灌溉。

★ **49. 唑类杀菌剂药害**

〔防治方法〕 掌握唑类杀菌剂的用药时期和剂量，施药时间提前或推后；避免多种农药混用、减少用药次数和用药量，不连续用药；避免在低温阴雨天气对三唑类杀菌剂敏感的水稻品种用药。如果水稻抽穗期出现比较明显的抽穗缓慢现象，可以立即喷施赤霉素以促进抽穗，防止包颈。每次每亩用赤霉素纯药0.2～0.5克加水50千克均匀喷雾，第1次用药后3～5天，根据情况决定是否再次喷药。如果有条件，可以考虑结合施破口药喷施碧护（0.136%芸薹·吲乙·赤霉酸可湿性粉剂，德国阿格福莱农林环境生物技术股份有限公司产品），可促进水稻抽穗和灌浆。

★ **50. 敌敌畏药害**

〔防治方法〕 喷雾时严格遵守敌敌畏使用说明的用药量，避免过量用药；提倡改喷雾为毒土撒施，减少敌敌畏的使用风险。此外，喷药前应将药剂充分混匀，或使用时经常晃动喷雾器使药液混合均匀；同时应避免在高温、大太阳时喷药。

★ **51. 除草剂药害**

〔防治方法〕 严格按照除草剂的使用说明用药，选择使用对水稻安全的除草剂种类，并避免过量用药；同时，要养成良好的施药习惯，避免重复喷洒，杜绝将未喷完的剩余药液继续喷洒在稻苗或田间。

》》 第二节 虫害的发生与防治 《《

一、水稻食叶类害虫 >>>>

★ **1. 稻纵卷叶螟**

〔发生规律〕 稻纵卷叶螟是我国为害水稻最为严重的害虫

之一，具典型的迁飞习性，其发生取决于东亚季风，8 月底以前以偏南气流为主，蛾群由南往北逐代北迁，全年约发生 5 次，发生期由南至北依次推迟；以后以偏北气流为主，转而由北向南回迁，约有 3 次明显回迁过程。此外，在部分丘陵多山地区，因不同海拔高度、气候、耕作制度等生态环境差异，存在垂直来回迁飞的现象。除雷州半岛和海南可以终年繁殖外，其余地区均以迁入蛾群为每年主要的初始虫源（北纬 30°以北是唯一虫源），在海南每年发生 9~11 代，广东、广西每年发生 6~8 代，长江中下游每年发生 4~6 代，东北、华北稻区每年发生 1~3 代。显纹纵卷叶螟则不同，属当地虫源害虫，以 3~4 龄幼虫在麦田、谷子田或绿肥田、休闲田的稻桩叶鞘外侧和秆内、再生稻苗及沟边、塘边游草的卷苞里越冬，在广西每年发生 3 代，四川南部每年发生 4~5 代。

稻纵卷叶螟喜适温、高湿，其生长发育的适宜温度为 22~28℃，相对湿度在 80% 以上。各地主害代世代历期 29~38 天，其中幼虫为害期 15~22 天。成虫喜在嫩绿繁茂的稻田产卵，产卵期为 3~6 天，雌蛾寿命为 5~17 天；产卵多在夜晚，每雌产卵 100 多粒，最多可达 200~300 粒。幼虫一般躲在苞内取食上表皮与叶肉，1 头幼虫一生可为害稻叶 5~7 片，多者达 9~12 片，5 龄后食量最大，占整个幼虫期的 50% 以上。老熟幼虫经 1~2 天预蛹后吐丝结薄茧化蛹，水稻分蘖期化蛹多在基部枯黄叶和无效分蘖上，抽穗期则多在叶鞘内或稻株间。

气候条件、耕作制度、品种布局、禾苗长势等因素均与稻纵卷叶螟的发生程度密切相关。长江中、下游 5~8 月间的西南季风或台风常带来虫源迁入高峰。耕作制度改变，早稻早栽、早种，同一地区不同熟制共存，有利于稻纵卷叶螟第 1 代繁殖及随后各世代的延续与虫口积累。水稻生长前中期若与成虫发生高峰相遇，或肥水管理不当造成稻苗徒长、叶片过嫩、宽软披搭、郁蔽程度高，均会吸引成蛾产卵，有利于幼虫结苞为害。

稻纵卷叶螟的天敌很多，特别是寄生性天敌，对其有很大的抑制作用。在采取有效措施保护天敌的稻田，卵期稻螟赤眼蜂、拟澳洲赤眼蜂的寄生率可达 50%～80%，幼虫和蛹期寄生性天敌则有卷叶螟绒茧蜂、螟蛉绒茧蜂、扁股小蜂、多种瘤姬蜂等；此外，各期还有多种蜘蛛、步甲、红瓢虫、隐翅虫等捕食性天敌，对抑制稻纵卷叶螟的发生有重要作用。据上海的研究发现，稻纵卷叶螟世代平均死亡率为 95.9%，其中天敌致死的达 50.9%，而气象因子致死的仅 45%；江苏徐州调查发现仅 3 龄前幼虫若无天敌作用，种群数量将增加 2.47 倍。由此可见保护和利用自然天敌在稻纵卷叶螟的控制过程中具重要意义。

[防治方法] 以农业防治为基础，充分利用生物防治措施，协调化学防治与保护利用自然天敌的关系，合理使用化学药剂，充分保护和利用自然天敌。

（1）农业防治

1）合理肥水管理：特别要防止偏施氮肥或施肥过迟，防止前期稻苗猛发徒长、后期贪青迟熟，促进水稻生长健壮、适期成熟，提高稻苗耐虫力或缩短为害期。科学管水，适当调节搁田时期，降低幼虫孵化期的田间湿度，或在化蛹高峰期灌深水 2～3 天，均可收到较好的防治效果。

2）选用抗（耐）虫的高产良种：尽管尚没有高抗稻纵卷叶螟的常规品种，但可选择叶片厚硬、主脉坚实的品种，使低龄幼虫卷叶困难，成活率低，达到减轻为害的目的；也可选择对稻纵卷叶螟为害补偿能力较强的品种，减轻其危害。此外，近年来我国育成了一批高抗稻纵卷叶螟和螟虫的转 Bt 基因或胰蛋白酶抑制剂（CpTI）基因水稻，已获准环境释放或进入生产性试验，尽管出于对转基因水稻潜在安全性问题的担忧，目前尚没有抗虫转基因水稻获准大面积在生产中应用，但一旦其获准商品化生产，将是防治稻纵卷叶螟及螟虫的一种最为有效、可靠、经济的手段。

（2）生物防治

1）保护自然天敌：首先需要减少药剂防治对天敌的杀伤，尽量使用对天敌杀伤作用小的药剂种类和施药方法，且应根据天敌保护的需要调整施药措施，如果常规施药时间对天敌杀伤大时，应提早或推迟施药；如果虫量虽达到防治指标，但天敌寄生率高，也可放宽防治指标减少用药。其次需保护稻田生态系统的生物多样性，通过合理轮作、间作或混栽，创造不利于其发生而利于天敌繁殖的生态环境，如在田基上栽黄豆，夏收夏种期间大量蜘蛛、隐翅虫、瓢虫等便可以转至豆株上；或设置卵寄生蜂人工保护器和益虫保护笼，均可有效保护天敌。

2）人工释放赤眼蜂：稻纵卷叶螟迁入蛾高峰期（即产卵始盛期）开始放蜂，每隔 3~4 天放 1 次，连续放 3 次，每次放蜂 1 万~3 万头，每亩设置 6~8 个放蜂点。

3）性信息素诱杀：每亩安装 1~2 个性信息素诱捕器可有效降低稻纵卷叶螟的发生量，目前市面上有持效期长达 2 个月以上的性诱芯，大大降低了更换诱芯的成本，改善了其实用性。

4）以菌治虫：施用苏云金杆菌、短稳杆菌、金龟子绿僵菌、球孢白僵菌、甜菜夜蛾多角体病毒等微生物农药，对稻纵卷叶螟有较好防效，其中甜菜夜蛾多角体病毒的防效可达 90% 以上；若加入少量化学农药（约为农药常用量的 1/5）则可进一步提高防治效果。应用微生物农药的防治适期应掌握在初孵幼虫期，但在蚕桑区不宜使用，以免感染家蚕。

（3）化学防治　应充分考虑水稻不同生育期对稻纵卷叶螟为害的容忍度及对天敌资源的保护和利用，生产上应该改变"见虫就打药"的观念，只需在稻纵卷叶螟发生量达到防治指标的时候才进行防治。

1）防治指标：一般以 2%～3% 的损失作为经济允许水平来确定防治指标。分蘖期，北方、南方稻区分别为每百丛有幼虫 50～100 头、100～200 头；穗期，每百丛有 30～50 头。大发生情况下提倡在卵孵高峰期至低龄幼虫期施药，分蘖期及圆秆拔节期每百丛有 50～100 个束尖时防治。

2）药剂种类及施药方法：药剂可选择氯虫苯甲酰胺、阿维菌素、甲氨基阿维菌素苯甲酸盐（甲维盐）、杀虫双、茚虫威、丙溴磷、阿维·氟铃脲、甲氨基阿维菌素苯甲酸盐、氯虫·噻虫嗪或阿维·苏云金等，按商品使用说明中的推荐剂量兑水喷雾或弥雾，喷雾每亩用水 30～45 千克，弥雾每亩用水 5～10 千克。

施药时间，在 1 天内以傍晚及早晨露水未干前效果较好，晚间施药效果更好。阴天和细雨天全天均可。在施药前先用竹帚猛扫虫苞，使虫苞散开，促使幼虫受惊外出，然后施药，可提高防治效果。施药期间应灌浅水 3～6 厘米，保持 3～4 天。若在搁田或已播绿肥不能灌水时，药液应适当增加。

★ **2. 直纹稻弄蝶**

[发生规律] 我国每年发生 2～8 代，南方稻区以老熟幼虫在背风向阳的游草等杂草中结苞越冬，北方稻区难以发现越冬虫态，可能由南方迁入。华南每年发生 6～7 代，以 8～9 月发生的第 4、5 代虫量较大，主害晚稻；浙江每年发生 4～5 代，江苏和安徽每年发生 4 代，主要为害连晚、单晚和中稻。一般时晴时雨，尤其下白昼雨的天气易发生，高温干旱则少发生。

成虫喜食花蜜，趋向分蘖期生长旺盛的稻株产卵；一般每叶产卵 1～2 粒，每雌一生可产卵 100～200 粒，多者 300 粒，产卵持续 2～6 天。幼虫 5 龄，26～28℃ 下幼虫期为 18～20 天，各龄幼虫均有吐丝结苞习性，白天潜伏稻苞内取食，傍晚或阴雨天爬出苞外取食，5 龄为暴食期，食量超过幼虫总食量的 80%。

直纹稻弄蝶的发生有年间间歇发生和同一地区局部危害严重的现象，与气候因素（特别是降雨量和降雨天数）、天敌因素、周边植被与水稻栽培管理均有密切关系。一般冬、春季节温度偏低有利于该虫当年的大发生，主害代发生前一个月降雨量和降雨天多，特别是时晴时雨天气非常有利于其猖獗为害，主要原因在于该类气候条件下有利于直纹稻弄蝶卵、幼虫和蛹的发育和存活，但不利于多数天敌的生存与活动。直纹稻弄蝶的天敌主要有多种赤眼蜂、姬蜂、绒茧蜂、黑卵蜂、寄生蝇、蜘蛛、猎蝽、步甲、蜻蜓和鸟类，在合理使用农药以保护天敌，且气候条件适合天敌的情况下，天敌往往成为抑制直纹稻弄蝶发生的重要因素。周边植被和水稻栽培管理则是该虫食料能否得以保障的关键，一般周边蜜源植物多，能供应直纹稻弄蝶成虫期有充足蜜源，同时水稻处于分蘖期、圆秆期，且生长茂密、叶色浓绿，又与直纹稻弄蝶发生期相遇，则常危害严重。

[防治方法]

（1）**农业防治**　包括冬、春季节及时铲除田边、沟边、塘边杂草和茭白蚕株，种植蜜源植物集中诱杀，放鸭食虫等措施。

（2）**化学防治**　该类害虫的虫口数量一般较低，除危害较重的局部地区外，一般无须专门用药，可以结合对其他害虫的防治进行兼治。但在虫口密度较大时，可选用杀螟杆菌（加1/4的洗衣粉）、敌敌畏、杀螟松、辛硫磷、敌杀死或吡虫啉等药剂兑水喷雾进行防治。

★ **3. 稻三点水螟**

[发生规律]　稻三点水螟在贵州每年发生 5～6 代，以幼虫越冬。第 1 代发生于 6 月间，为害中稻；第 2 代于 7 月中旬为害中、晚稻；第 3～4 代于 8～10 月为害双季晚稻；第 5 代在 10 月中旬以后为害游草。成虫昼伏夜出，趋光性强。卵，不规则成块

地产于叶片，每块有卵数到 10 余粒，每雌产卵约 100 粒。初孵幼虫爬至叶尖吐丝卷叶成筒状虫苞，咬断上下两端后藏于苞内负苞爬行，仅露出头胸部取食；每次脱皮后另做新苞，末龄虫虫苞长 2～2.5 厘米。幼虫半水栖，白天浸于水中，只露头胸部聚附于稻株基部，傍晚爬上稻叶取食；有假死习性，受惊后头胸缩回苞内坠落水中；幼虫期为 14～20 天。老熟后另做新叶苞固着于稻株近水面处，结厚茧化蛹，少部分个体固着在浮于水面的黄叶处化蛹，蛹期为 4～7 天。

一般在低洼积水处或流水串灌的稻田，稻三点水螟发生较多；稻苗叶片宽大、嫩绿，田间较荫蔽也利于该虫发生。

〔防治方法〕 一般可在防治稻纵卷叶螟等常见鳞翅目害虫时得以兼治，但在受害较重的稻区可采取以下措施。

（1）农业防治 及时落水晒田，同时加强肥水管理，促使稻苗健壮，可有效防治各类稻水螟。

（2）化学防治 排水将坠落水面的虫苞排出稻田集中药杀，或直接撒施化学药剂进行防治；选用药剂可参照稻纵卷叶螟。

★ **4. 稻螟蛉**

〔发生规律〕 每年发生代数由北往南递增，吉林发生 3 代，湖北发生 5 代，江西发生 5～6 代，福建、广东发生 6～7 代，一般在 7～8 月危害较重。以蛹在田间稻丛、稻秆、杂草叶包、叶鞘间越冬。

成虫日间潜伏，夜间活动，趋光性强。卵多产于稻叶中部，叶片正反两面都有，叶色青绿的叶片着卵多。一般 3～5 粒成 1 或 2 行排列成卵块，个别单产，每雌平均产卵约 250 粒。

幼虫多于清晨孵化，以稻叶为食，遇惊即跳落田面，再游水转移到其他稻株为害。老熟幼虫常将叶片弯折成三角形小苞，常从苞隙伸出头部咬断稻叶（少数虫苞不咬断而留于原稻株），叶苞飘落田面，幼虫即在苞内结茧化蛹。

该虫喜高温、高湿，生长适宜温度为 22～30℃，相对湿度为 85%～95%。一般平均温度高、降雨量适中的年份发生量较大。田边、路边、沟边杂草丛生的稻田发生量大；氮肥施用过多、过迟，生长嫩绿的稻田着卵量多，虫口大，受害重。

稻螟赤眼蜂、拟澳洲赤眼蜂、螟蛉绒茧蜂、螟蛉悬茧姬蜂、螟黄茧蜂、螟蛉瘤姬蜂、绒茧蜂，以及步甲、蜘蛛、蜻蜓、蛙类等天敌数量的多少是直接影响该虫发生的重要因素，其中仅寄生类天敌的寄生率即可达 20%～90%，因此一般年份无须防治。

[防治方法]　一般可在防治稻纵卷叶螟等常见鳞翅目害虫时得以兼治，但在受害较重的稻区可采取以下措施。

（1）农业防治　铲除田边、沟边、塘边杂草，压低虫口数量。成虫发生期采用诱虫灯诱杀成虫。

（2）化学防治　在低龄幼虫时喷施化学农药，选用药剂可参照稻纵卷叶螟。

★ **5. 稻眼蝶类**

[发生规律]　浙江、福建每年发生 4～5 代，华南每年发生 5～6 代，田间世代重叠，以蛹或末龄幼虫在稻田、河边、沟边及山间杂草上越冬，第 2 年 4 月中旬～5 月下旬羽化。成虫喜白天在花丛或竹园四周活动、交尾、取食花蜜，晚间静伏在杂草丛中。卵散产在叶背或叶面，产卵期长达 30 多天，每雌可产卵 96～166 粒，浓绿稻叶上着卵较多。初孵幼虫先吃卵壳，后取食叶缘，3 龄后食量大增。老熟幼虫多爬至稻株下部吐丝倒挂半空，经 1～3 天预蛹期后化蛹。

早、中、晚稻生长期均会受害，以晚稻受害相对较重。稻螟赤眼蜂、多种绒茧蜂、广大腿蜂、广黑点瘤姬蜂，以及步甲、猎蝽、蜘蛛等类天敌对稻眼蝶的发生有一定抑制作用，保护利用好的稻田，天敌是抑制该虫发生的重要因素。

〔防治方法〕 一般可在防治稻纵卷叶螟等常见鳞翅目害虫时得以兼治，但在受害较重的稻区可采取以下措施。

（1）农业防治 包括结合冬、春季积肥，及时铲除田边、沟边、塘边杂草，压低越冬虫口数量；利用幼虫假死性，振落后捕杀或放鸭啄食。

（2）化学防治 在 2 龄幼虫为害高峰期喷药防治，选用药剂可参照稻纵卷叶螟。

★ **6. 黏虫**

〔发生规律〕 黏虫是典型的迁飞性害虫，每年 3～8 月中旬顺气流由南往偏北方向迁飞，8 月下旬～9 月随偏北气流南迁。国内由北到南每年依次发生 2～8 代，在我国东半部，北纬 27°以南每年发生 6～8 代，以秋季为害晚稻世代和冬季为害小麦世代发生较多；北纬 27°～33°每年发生 5～6 代，以秋季为害晚稻世代发生较多；北纬 33°～36°每年发生 4～5 代，以春季为害小麦的发生较多；北纬 36°～39°每年发生 3～4 代，以秋季世代发生较多，为害麦类、玉米、粟、稻等；北纬 39°以北每年发生 2～3 代，以夏季世代发生较多，为害麦类、粟、玉米、高粱及牧草等。在 1 月等温线 0℃（约北纬 33°）以北不能越冬，需每年由南方迁入；1 月等温线 0～8℃（北纬 27°～33°）北半部多以幼虫或蛹在稻茬、稻田埂、稻草堆、茭白丛、莲台、杂草等处越冬，南半部多以幼虫在麦田杂草地越冬，但数量较少；1 月等温线 8℃（约北纬 27°以南）可终年繁殖，主要在小麦田过冬为害。

成虫顺风迁飞，飞翔力强，有昼伏夜出习性，喜食花蜜。卵多产于稻株枯黄的叶尖处或叶鞘内侧，几十粒至一两百粒成一卵块，适宜条件下每雌一生可产卵 1000 粒，最多达 3000 粒。幼虫孵化后先吃掉卵壳，后爬至叶面分散为害，3 龄后有假死习性。

幼虫老熟后在植株附近钻入表层土中筑土室化蛹，田间有水时也可以在稻丛基部化蛹。

发生数量与迟早取决于气候条件，成虫产卵适宜温度为15～30℃，最适温度为19～21℃；相对湿度低于50%时，产卵量和交配率下降，低于40%时1龄幼虫全部死亡。成虫产卵期和幼虫低龄时雨水协调、气候湿润，黏虫发生重，气候干燥时发生轻，尤其高温、干旱不利于其发生。但雨量过多、特别是暴雨或暴风雨也会显著降低其种群数量。

黏虫天敌主要有寄生性的多种寄蝇、黑卵蜂、线虫、病毒和捕食性的蜘蛛、草蛉、瓢虫、鸟类、蛙类等，对抑制该虫的发生有重要作用，如1代黏虫仅寄蝇的寄生率一般超过40%。这些天敌某些年份甚至可以成为抑制黏虫发生的主导因素。

〔防治方法〕

（1）农业防治　幼虫发生期间，放鸭防虫；成虫产卵盛期前则选叶片完整、不霉烂的稻草以8～10根扎成小把，每亩插30～50把，每隔5～7天更换1次（若草把用40%的乐果乳油20～40倍液浸泡可减少换把次数），可显著减少田间虫口密度。

（2）灯光诱杀　用频振式杀虫灯诱杀黏虫成虫，效果也非常好。

（3）化学防治　重发稻田，可在低龄幼虫（2～3龄高峰期）进行药剂防治，选用药剂可参照稻纵卷叶螟。

★ **7. 中华稻蝗**

〔发生规律〕　长江流域及以北每年发生1代，以南每年发生2代，各地均以卵块在田埂、荒滩、堤坝等土中1.5～4厘米深处或杂草根际、稻茬株间越冬。第2年春季，低龄若虫孵化后群集为害，取食田块周围禾本科杂草，3龄后开始分散，迁入秧田或大田为害，并由田边逐渐向田中央扩散。成虫喜在早晨羽化，夜晚闷热时有扑灯习性；卵成块地产在土下，田埂上居多，每雌产卵1~3块。天敌对该虫发生有重要的抑制作用，主要天敌有卵期的芫菁幼虫、步甲，以及成虫、若虫期的蛙类、鸟类、蜘蛛、蜻蜓、螳螂和寄生菌等。

[防治方法]

(1) 农业防治

1) 中华稻蝗喜在田埂、地头、渠旁产卵。发生重的地区组织人力铲埂、翻埂以杀灭蝗卵，尤其在冬、春季节铲除田埂草皮或开垦荒地，破坏越冬场所，效果明显。

2) 放鸭啄食或保护青蛙、蟾蜍，可有效抑制该虫的发生。

(2) 化学防治　抓住低龄若虫群集在田埂、地边、渠旁取食杂草嫩叶的特点，突击防治；3~4龄后常转入大田，当每百株有虫10头以上时，及时喷洒杀虫双、辛硫磷、马拉硫磷、氰戊菊酯或功夫菊酯等药剂，可取得较好的防治效果。

★ **8. 福寿螺**

[发生规律]　在我国华南地区及江西和云南的南部，每年发生2代或2代以上，在长江中下游稻区每年发生1代。分布北界取决于冬季低温，1~2℃及以下低温暴露1天可致其100%死亡，但在土壤中2~3厘米深处1~2℃持续1周也有50%~75%存活，3~5℃低温下30天可100%存活。

福寿螺多以幼螺、成螺在农田、山塘、池塘、沟渠及土壤中越冬，越冬代成螺一般为直径2~3厘米的中型螺。除产卵或遇有不良环境条件时迁移外，一生均栖息于淡水中，遇干旱则紧闭壳盖休眠，静止不动，长达3~4个月或更长，耐旱、耐饥力极强。

福寿螺雌雄同体，异体交配；繁殖力极强，1只雌螺经一年2代即可繁殖幼螺30万只以上。具有避光性，产卵多在夜间进行，常爬到高出水面 10～34 厘米处的干燥物体或植株的表面，如茎秆、沟壁、墙壁、田埂、杂草、竹竿等上产卵。初产卵块呈明亮的粉红色至红色，快要孵化时变成浅粉红色。初孵化幼螺落入水中，以藻类和有机碎屑为食；当螺壳高达 1.5 厘米左右时，幼螺开始取食植物。

福寿螺食性杂，动、植物都能吃，但以鲜绿多汁的植物为主，有一定的取食选择性，如与浮萍、苎麻和白菜相比，水稻并非其最喜爱食料，一般只有在没有其他食料可食的情况下，才取食水稻秧苗。水稻秧苗从移栽到移栽后 15 天，直播稻播后 4～30 天，最易受其为害。该螺破坏秧苗的基部，甚至在一夜间毁坏整块稻田的稻苗。

〔防治方法〕福寿螺是一种外来生物，防止其由发生地通过附着在土壤中或水生植物的根部、茎基部随运输而扩散，是控制其继续扩大为害的关键。对于已发生区则应采取农业防治、生物防治、化学防治等配套的综合防治措施。

（1）**农业防治** 平整土地以方便排灌，保持低于 4 厘米的水位可减轻稻苗受害。种植秧龄较大的稻苗、水旱轮作等措施也能有效地控制其发生。灌水进出口放金属丝网或竹网，可避免因串灌而造成福寿螺在田间扩散，同时也可收集到大量福寿螺并杀灭；春、秋两季是福寿螺产卵高峰期，可结合农事操作摘卵捡螺。

（2）**生物防治** 在稻田和沟渠中放养鸭群是控制螺害的有效方法，且简单易行，见效快，既可以控制螺害，又可增加养鸭收入；鸭子可选择肉食性强、体型较小的品种，一般每亩放养 10～20 只。此外，稻田养鱼、养鳖也可起到较好的防治作用。田中放一些烟叶或辣椒、星状花的叶片，可直接诱杀福寿螺。茶皂素、茶麸（油茶籽饼）、生石灰等也可有效控制福寿螺的发生。

（3）**化学防治**　在螺害重发区，水稻移植后 24 小时内施用密达杀螺颗粒剂、梅塔颗粒剂或灭蜗灵颗粒剂，拌细沙 5～10 千克撒施。此外，结合稻田化学除草或调节水稻田酸碱度也可杀灭一部分螺。

★ **9. 稻负泥虫**

〔发生规律〕　全国各地每年发生 1 代，常以数十头成虫群集于稻田附近山边、沟渠边背风向阳的杂草根下越冬，而田埂上几乎见不到越冬个体。第 2 年，东北稻区的越冬个体一般在 6 月初才开始活动，取食越冬处的杂草，待水稻 3～4 叶后转移到水稻为害；南方稻区的越冬个体于 3～4 月开始先在禾本科杂草上为害，4～5 月间迁入稻田产卵，之后为害稻田直到入秋后才迁入越冬场所。卵产在叶面近叶尖处，少数产在叶背和叶鞘上；初孵幼虫多在心叶内为害，后扩展到叶片上，幼虫怕干燥，喜欢在早晨有露水时为害，晴天中午藏在叶背或心叶上，末龄幼虫把屎堆脱去，分泌出白色泡沫凝成茧后化蛹。

〔防治方法〕　对受害较重的稻区，在幼虫开始发生后把田水放干，撒石灰粉，然后把叶上幼虫扫落田中，也可在早晨露水未干时用笤帚扫除幼虫，结合耘田将幼虫糊到泥里。在幼虫 1～2 龄阶段选用杀螟松、喹硫磷、晶体敌百虫或辛硫磷兑水喷雾，也可用敌百虫粉喷粉。

★ **10. 稻裂爪螨**

〔发生规律〕　稻裂爪螨以成螨、幼螨、卵在寄主杂草上越冬。广东、广西地区，4～6 月间有少量迁移到早稻上为害，但主要为害晚稻，9～10 月间在水稻分蘖期开始数量激增。由田边向田中蔓延，渐满全田。靠近山林附近的稻田发生较重，氮肥施用过量，长势嫩绿茂密的稻田受害重。

〔防治方法〕 发生较重的地区，可用石硫合剂、三氯杀螨砜、氧乐果、杀螨特等农药进行喷雾防治。

二、水稻钻蛀性害虫 >>>>

★ **11. 二化螟**

〔发生规律〕 在国内每年发生 1～5 代，由北往南递增，东北每年发生 1～2 代，黄淮流域每年发生 2 代，长江流域和广东、广西地区每年发生 2～4 代，海南每年发生 5 代。多以 4～6 龄幼虫于稻桩、稻草、茭白及田边杂草中滞育越冬，未成熟的幼虫春季还可以取食田间及周边绿肥、油菜、麦类等作物。越冬幼虫抗逆性强，冬季气温对其影响不大，在 15～16℃ 以上开始活动、羽化，长江中下游一般在 4 月中下旬～5 月上旬开始发生。但由于越冬环境复杂，越冬幼虫化蛹、羽化时间极不整齐，常持续约 2 个月，一般在茭白田中化蛹、羽化最早，稻桩中次之，油菜和蚕豆中再次之，稻草中最迟。因此，越冬代及随后的各个世代发生期拉得较长，可有多次发蛾高峰，造成世代重叠现象，用药时因防治适期难以掌握，增加了药剂治理的难度和用药次数。

成虫多在晚间羽化，趋光性强，羽化后 3～4 天产卵最多，每雌产卵 2～3 块，每块卵 1 代平均 39 粒，2 代 83 粒；喜选择在植株较高、剑叶长而宽、茎秆粗壮、叶色浓绿的稻株产卵，且产于叶片表面。

蚁螟（初孵幼虫）多在上午孵化，之后大部分沿稻叶向下爬或吐丝下垂，从心叶、叶鞘缝隙或叶鞘外蛀入，先群集叶鞘内取食内壁组织，造成枯鞘；2 龄后开始蛀入稻茎为害，造成枯鞘、枯心、白穗、花穗、虫伤株等症状。幼虫有转株为害习性，在食料不足或水稻生长受阻时，幼虫分散为害，转株频繁，危害加重。幼虫老熟后多在受害茎秆内（部分在叶鞘内侧）结薄茧化蛹，蛹期好氧量大，灌水淹没会引起大量死亡。

二化螟因受耕作制度和气候因素的影响，一年中的发生数量变化有不同类型，如"1代多发型""2代多发型"和"3代多发型"。"1代多发型"一般在纯单季稻地区，因春耕灌水晚，多数越冬虫均能化蛹、羽化，第1代发生量大，但第2代发生时，由于受夏季高温干旱的影响及稻株较老，不利于蚁螟侵入存活，所以第2代数量下降，第3代发生量也少。"2代多发型"在纯连作双季稻地区，因早春耕田灌水早，越冬幼虫在化蛹时期大量死亡，第1代数量少，但由于第1代发蛾和产卵主要在早稻本田期，利于其侵入和存活，所以第2代发生量大，该代幼虫或蛹随早稻收割而大量死亡，加之正值夏季高温，成功羽化者很少，故第3代发生数量也少。"3代多发型"在单、双季混栽区，因部分稻田耕田灌水期迟，其越冬代虫可成功化蛹羽化，加之早稻移栽期拉得很长，有利于越冬代成蛾飞到本田产卵繁殖，其他各代也都有适宜生存的食料条件，数量逐代增多，至第3代发生量达到高峰，尤其是晚稻后期气候温暖时，第3代的危害往往较为严重；有的地区受夏季高温干旱的影响，第2代死亡率高，第3代发生量可能并不大；此外，单、双季稻的比例、具体耕作习惯也将影响二化螟的发生，如双季稻比例较低，大多数田春耕灌水晚，则第1代的发生就可能较重。

春季低温多湿会延迟二化螟的发生期。夏季温度过高也对二化螟的发生不利，35℃高温致蛾子羽化多畸形，卵孵化率降低，幼虫死亡率升高。稻田水温高于35℃时，分蘖期因幼虫多集中于茎秆下部，死亡率可高达80%~90%，但穗期幼虫可逃至稻株上部，水温的影响相对较小。

水稻品种对二化螟的发生也有较大影响，虽然目前尚没有对二化螟高抗的水稻品种，但因稻株营养成分、稻秆粗壮程度等方面有差异，二化螟的食料条件、活动空间均有所不同。如茎秆粗壮即是当前推广的"超级稻"受害往往较重的一个重要原因。此外，生育期长短不一的水稻品种种于同一地区，也利于二化螟的发生。

天敌对抑制二化螟的发生有较大作用。寄生性天敌主要有卵期的稻螟赤眼蜂、松毛虫赤眼蜂，幼期有多种姬蜂、多种茧蜂及线虫、寄生蝇，其中卵寄生蜂最重要，有些地区的寄生率高达80%~90%；幼期寄生蜂对越冬幼虫的影响较大，仅二化螟绒茧蜂的寄生率即可达30%。此外，有些地区白僵菌、黄僵菌对越冬幼虫也影响较大。捕食类天敌有蜘蛛、蛙类、隐翅虫、猎蝽、鸟类等。

[防治方法] 以农业防治为基础，并在掌握害虫发生期、发生量和发生程度的基础上，优先采用生物防治方法，必要时合理施用化学农药，以达到保苗、保穗效果。

（1）农业防治

1）采用合理的耕作制度：

① 尽量避免单、双季稻混栽的局面，可以有效切断虫源田和桥梁田，降低虫口数量。不能避免时，单季稻田则提早翻耕灌水，降低越冬代数量；双季早稻收割后及时翻耕灌水，防止幼虫转移为害。

② 单季稻区则可适度推迟播种期（如浙江嘉兴可推迟1周），可有效避开二化螟越冬代成虫产卵高峰期，降低为害。

2）减少田间残虫量：

① 低茬收割（稻桩高度在5~10厘米）可随稻草清除70%~80%的二化螟越冬幼虫，超级稻田中可以清除约90%。

② 冬前利用旋耕机旋耕灭茬，可以直接杀灭稻田中半数左右的各种残余螟虫，同时由于旋耕破坏了螟虫的越冬场所，造成螟虫机械损伤，可以将各种螟虫的越冬死亡率提高到90%以上。

③ 合理安排冬作物，晚熟小麦、大麦、油菜、留种绿肥要注意安排在虫源少的晚稻田中，可减少越冬的基数。

3）灌水灭蛹：越冬代化蛹高峰时翻耕并灌深水 7 ~ 10 厘米，自然落干，可降低越冬代虫源达 80% 以上。在水稻生长季节操作相对较难，但水源比较充足的地区也可根据水稻生长情况，在 1 代化蛹初期，先放干田水 2 ~ 5 天或灌浅水，降低二化螟化蛹部位，然后灌水 7 ~ 10 厘米深，保持 3 ~ 4 天，可使蛹窒息死亡；2 代二化螟 1 ~ 2 龄期在叶鞘为害，也可灌深水淹灭叶鞘 2 ~ 3 天，可有效杀死害虫。

4）利用抗虫品种：同稻纵卷叶螟相似，目前缺少对二化螟具有效抗性的常规水稻品种，生产上能利用的只有少量中抗或耐虫品种，但近年来，我国育成的一批转 Bt 基因或胰蛋白酶抑制剂（CpTI）基因抗虫水稻高抗螟虫（二化螟、三化螟）与稻纵卷叶螟，一旦获准商品化生产，可望为二化螟提供一种最为有效、可靠、经济的防治手段。

5）种植诱杀作物：利用香根草可吸引二化螟成虫产卵，但卵孵化后幼虫不能化蛹的特点，南方稻区（北方稻区香根草不能越冬）可在稻田周边路边或沟边种植香根草（株距 3 ~ 5 米），可有效降低稻田螟虫的危害，且一旦种植可多年受益。浙江余姚、金华等地的试验表明，香根草周边 8 ~ 12 米的稻田螟虫的为害率可以减轻 50% ~ 70%。

（2）生物防治

1）保护自然天敌：参照稻纵卷叶螟。

2）人工释放天敌：在二化螟发蛾高峰期（即产卵始盛期）开始放赤眼蜂，具体方法同稻纵卷叶螟。适合二化螟的蜂种有螟黄赤眼蜂、稻螟赤眼蜂和松毛虫赤眼蜂。因不同赤眼蜂对环境温度条件的适应性不同，根据当地条件选择合适的蜂种是决定赤眼蜂控害成效的重要因素。

3）性信息素诱杀：每亩安装 1 ~ 2 个性信息素诱捕器可有效降低二化螟的发生量，目前市面上有持效期长达 2 个月以上的性诱芯，大大降低了更换诱芯的成本，改善了其实用性。

提示　提倡在二化螟越冬代成虫羽化前就安装好诱捕器，对越冬代的防效可达80%以上。

4）以菌治虫：施用苏云金杆菌、短稳杆菌、金龟子绿僵菌、球孢白僵菌、甜菜夜蛾多角体病毒等微生物农药，对二化螟均有较好的防效；其防治适期应掌握在初孵幼虫期，但在蚕桑区不宜使用，以免感染家蚕。

（3）化学防治　二化螟发生量达到防治指标的时候可进行药剂防治，未达到防治指标的田块可挑治受害团。

1）防治指标：当枯鞘丛率为5%~8%，或早稻每亩有中心受害株100株或丛害率达1%~1.5%，或晚稻每亩受害团多于100个。

2）用药适期：为充分利用卵期天敌，应尽量避开卵孵盛期用药。一般在早、晚稻分蘖期或晚稻孕穗期、抽穗期卵孵高峰后5~7天。

3）常用药剂：药剂可选用氯虫苯甲酰胺、氟虫双酰胺、阿维菌素、甲维盐、杀虫双、杀虫单、三唑磷、杀螟松或晶体敌百虫等，兑水喷雾防治。因二化螟的抗药性问题较为突出，应避免使用已产生抗药性的药剂。对氯虫苯甲酰已产生抗药性的地区，可选用阿维菌素、甲维盐及其与甲氧虫酰肼的复配剂或斯品诺（乙多·甲氧虫酰肼）等药剂。

★ **12. 三化螟**

[发生规律]　我国各地由北往南每年发生2~7代，长江中下游以发生3代为主，部分发生4代。以老熟幼虫在稻桩内滞育越冬，秋季光周期缩短是滞育的主要诱因。春季温度回升到

16℃后开始化蛹，其发生较二化螟稍迟，长江中下游一般在4月下旬~5月中旬开始发生。春季温暖干燥，越冬代化蛹、羽化提早，发生量增多，南方稻区春季大旱，当年容易成为大发生年。

成虫一般在晚上羽化，白天静伏于稻丛，有强烈趋光性；卵产于叶片或叶鞘表面，尤其喜产于生长嫩绿茂盛，处于分蘖期、孕穗期至抽穗初期的稻田。产卵期为2~6天，每雌产卵1~7块，平均2~3块，每块卵粒数因代别而异，第1代40~50粒，第2、3代分别为75~80粒、90~120粒。

蚁螟多在清晨和上午孵化，多数爬至叶尖，吐丝飘散至周围稻株钻蛀为害。蚁螟侵害与水稻生育期有密切关系，其中分蘖期、孕穗期和破口期是蚁螟易侵入的时期，其余生育期为相对安全期。主要原因是分蘖期植株柔软、叶鞘包裹疏松，孕穗期和破口期只有剑叶鞘包裹穗苞、剑叶鞘柔软，蚁螟较易蛀入。而秧苗期水稻的幼虫在秧苗移栽后死亡率很高（但在直播稻田，若蚁螟发生时秧苗较大，则其侵入率也较高，易造成枯心）；圆秆期组织坚硬，且为多层叶鞘紧包茎秆，蚁螟蛀入率低；抽穗后，茎秆组织硬化，蚁螟也不易侵入。分蘖期侵入的蚁螟一生可造成3~5根枯心苗，第1、2、3代同一卵块可分别造成10~20根、30~50根、40~60根枯心苗；而孕穗期钻入的蚁螟一生造成1~2根白穗，同一卵块可造成30~40根白穗。

三化螟幼虫喜单头为害，每头幼虫一般独占1株水稻分蘖，钻入之后环切心叶或稻茎，接着可以在"断环"上方取食较长时间，再往下取食，常将稻秆各节贯通；仅取食稻茎内壁、叶鞘白色组织，基本不食含叶绿素部分，秆内粪粒清晰，粪量较少。有转株为害习性，一生可转株1~3次，以3龄幼虫转株较常见，营养条件差时转移次数较多。转株方式因虫龄而异，2龄幼虫多"裸体"转移，而3~4龄幼虫从老株钻出后多切取叶片，吐丝缀成2~3厘米长的叶囊，并将一端吐丝封口成袋状，幼虫负着叶囊（少数也负茎囊）藏身其中，从未封口端伸出头胸爬行，找到新株之后先将囊固定于新株上，幼虫从固定处钻入，囊仍遗留于外或掉于下方泥土上。老熟幼虫于受害株或寻新株秆内近水面处结茧化蛹，化蛹前在上方预留羽化孔。

生产上单、双季稻混栽或中稻与一季稻混栽，使三化螟食料条件连续而丰富，此时受害严重。所栽水稻品种分蘖期、孕穗期或破口期与蚁螟发生期相遇时，发生重。栽培上基肥充足，追肥及时，稻株生长健壮，抽穗迅速整齐的稻田受害轻，反之追肥过晚或偏施氮肥，有利于三化螟的发生，特别是若遇气温 24 ~ 29℃、相对湿度达 90% 以上的气候，蚁螟孵化和侵入率较高，会加重发生。

天敌与三化螟发生有一定关系，寄生性天敌主要有卵期的稻螟赤眼蜂、黑卵蜂类、螟卵啮小蜂，幼虫期的多种茧蜂、多种姬蜂及线虫。卵期寄生率因卵块上覆鳞毛且卵量层堆而远较二化螟低，通常各类寄生性天敌寄生率在 10% ~ 20%，若长期遇旱可达 40% ~ 50%。早春越冬幼虫的重要死因是白僵菌等病原微生物，病死率通常 50% ~ 60%，湿度适宜时可达 80%。捕食性天敌有青蛙、隐翅虫、蜘蛛和鸟类等。

[防治方法] 根据三化螟的为害特点，采取"防、避、治"相结合的防治策略，以农业栽培措施为基础，科学合理用药为关键，压低虫源基数与控制危害相结合。

（1）农业防治

1）采用低茬收割，清除稻草，在越冬代螟虫化蛹高峰期实施翻耕灌水或直接灌水，淹没稻桩，或早春气温回升蛹羽化时灌水杀蛹（蛾），可减少越冬虫源或 1 代虫源基数。

2）近年来，长江流域及其以北稻区多为中稻或单季晚稻，可根据当地情况，适当推迟播栽期并采用地膜覆盖隔离育秧技术，可以避开 1 代螟虫的危害。

237

（2）生物防治

1）保护自然天敌：参照稻纵卷叶螟。

2）人工释放天敌：三化螟发蛾高峰期（即产卵始盛期）开始放赤眼蜂可有效控制三化螟为害，具体方法同二化螟。此外，湖南、广东等地曾进行螟卵啮小蜂的繁殖释放试验，防治效果也可达70%以上。

（3）化学防治　三化螟主要防治分蘖期的枯心及穗期的白穗，一般在卵孵化始盛期，当发生量达到防治指标时开始施药1次，严重时隔5~7天再施药1次；未达到防治指标的田块可挑治受害团。其中，卵孵化盛期与水稻破口期吻合时，穗期三化螟的防治最为关键，破口期是其最好的防治时期。

1）防治指标：防治分蘖期"枯心"为每亩100~110块卵，丛为害率为2%~3%，株为害率为1%~1.5%。三化螟常发区，若卵孵化盛期与水稻破口期吻合，穗期白穗的防治可以水稻破口率达5%~10%为防治指标。

2）常用药剂：可选用氯虫苯甲酰胺、阿维菌素、甲维盐、毒死蜱或阿维·氟酰胺等。

★ **13. 大螟**

〔发生规律〕江苏、浙江、上海、安徽每年发生3~4代，江西、湖南、湖北每年发生4代，福建每年发生4~6代。以3龄以上幼虫在水稻、茭白、芦苇根部越冬。未老熟幼虫在早春气温上升到10℃以上开始取食麦类、绿肥、油菜、茭白、蚕豆，越冬时间较短，冬季气候温暖时大部分幼虫没有明显滞育现象，15℃以上开始化蛹、羽化，每年发蛾期早于二化螟、三化螟，通常大多早稻尚未插植，故第1代多在田边杂草及甘蔗、玉米、茭白上为害，第2代才转移到水稻田为害。由于不同水稻茬口的越冬虫龄不同，冬季寄主及小气候复杂，越冬代成虫发生期长，峰次多，导致该虫世代重叠。

成虫白天潜伏稻丛或杂草基部，夜晚活动，趋光性不及二化螟和三化螟，但对黑光灯有较强趋性。喜在高大植株产卵，在田边稻株着卵较多。卵多产于叶鞘内侧近叶舌处，产卵期一般 3 ~ 5 天，每雌产卵 4 ~ 5 块，每块含 40 ~ 60 粒卵，多者也可达 200 粒。幼虫多于上午孵化，随即在叶鞘内群集取食，同时吃掉卵壳。2 ~ 3 龄后分散开来转移为害，蛀食一般不过节，一节食净即转移，幼虫一生可为害 3 ~ 4 株水稻。老熟幼虫于稻茎、枯叶鞘内、稻丛间经 2 天预蛹后化蛹，少数越冬代幼虫也可于杂草茎、泥土中化蛹，茎内化蛹幼虫事先在上方咬一羽化孔。

水稻各期均可受大螟为害，一般以近田边 5 ~ 6 行稻株的虫口较多，受害较重，而田中央虫口密度小，受害轻。从发生环境看，一般丘陵山区比平原地区受害重；水旱轮作地区发生也较重。

大螟的发生与水稻栽培制度和品种布局关系较为密切。江苏武进大螟的发生数量曾随双、三熟制面积的扩大而成倍增加。20 世纪 70 年代中期以来，各地大面积推广杂交稻以后，不仅受害重于常规稻，而且形成单、双季并存的局面，为大螟的发生提供了极为有利的食料条件，发生和危害加重。20 世纪 90 年代后期推广超级稻和农药的换用又进一步加重了大螟的危害。

天敌与大螟发生也有一定关系，卵期主要有稻螟赤眼蜂，幼虫和蛹期有中华茧蜂、螟黄纹茧蜂、稻螟小腹茧蜂、螟黄瘦姬蜂、螟黑瘦姬蜂、螟蛉瘤姬蜂等，青蛙、蜘蛛也捕食大螟成虫和幼虫。

〔防治方法〕 参照二化螟。

★ **14. 台湾稻螟**

〔发生规律〕 我国南方每年发生 3 ~ 6 代，多以幼虫在稻桩

239

或稻草中越冬，但越冬成功作为第 2 年虫源的以稻桩为主，主要是因为幼虫喜湿怕干。少量个体也在冬作小麦植株中越冬。广东越冬代发蛾期与二化螟相近，以后各代早于二化螟，3 月中旬进入盛发期。成虫白天不大活动，喜阴凉潮湿环境，有趋光性，喜在高秆、宽叶、浓绿的稻株叶片表面产卵，每雌产卵 4 ~ 6 块，每卵块有卵 30 多粒，个别高达 190 粒。

幼虫习性与二化螟似，初孵幼虫借爬行或吐丝悬垂，侵入叶鞘群集为害，有时高龄虫也有群集特性，但较二化螟活泼，一再转株，一生至少转株 3 ~ 4 次。幼虫食量大，尤喜湿润环境，喜藏身于极潮湿甚至腐烂的被害处。

老熟幼虫可在茎内、卷叶中、叶鞘（包括枯叶鞘）内、枯茎内或稻丛分蘖间化蛹，蛹无茧。在稻茎内化蛹者事先在稻茎内壁咬一环状羽化孔，供成虫羽化后破膜而出。

天敌有寄生性的茧蜂、姬蜂、寄蝇及捕食性的蜘蛛、蛙类、花蟳等，对其发生有一定的抑制作用。

〔防治方法〕除早春浸水防治越冬幼虫几乎无效之外，其余可参照二化螟。

★ 15. 稻瘿蚊

〔发生规律〕稻瘿蚊以 1 龄幼虫在李氏禾、野生稻中越冬，云南南部及海南也可见在再生稻、落谷自生苗中越冬。该虫一般每年发生 6 ~ 8 代，在广东南部及海南则可发生 9 ~ 11 代，第 2 代后世代重叠，很难分清代次，但各代成虫盛发期明显。第 1、2 代发生量少，为害早稻较轻，第 3 代数量激增，对中稻和单季晚稻秧田有严重危害，第 4 ~ 6 代虫口多，为害迟中稻和晚稻严重，之后迁入越冬寄主。

成虫寿命短，雌虫 36 小时，雄虫 12 小时，未交配成虫有趋光性。每雌产卵约 160 粒，散产于近水面嫩叶背面。卵在夜间孵化，初孵幼虫必须借助叶面水珠或水层才能蠕动，经叶鞘或叶舌边沿侵入稻茎，再由叶鞘内壁下行至基部，侵入稻苗生长点取食为害，整个过程历时 2~3 天，之后幼虫在稻株内取食为害直至化蛹。老熟幼虫于葱管基部化蛹，羽化前扭动蛹体上升到葱管顶端，用额突刺一羽化孔，然后钻出羽化。幼虫主要为害秧苗期和分蘖期水稻，幼穗分化后一般不再受害。秧苗期有较强的补偿力，分蘖期稍差，因此受害秧苗的损失较小，仅及分蘖期受损的 1/2。

成虫、卵、幼虫均喜高湿而不耐干旱，当雨量大、雨天多、湿度高、气温偏低时，该虫发生量大，危害重。单、双季混栽区因存在桥梁田而受害较重。

卵、幼虫期的黄柄黑蜂、单胚黑蜂，外寄生幼虫和蛹期的多种小蜂等寄生蜂是抑制稻瘿蚊发生的重要因素，其中以卵期寄生的黄柄黑蜂最为普遍。

[防治方法]

(1) 农业防治

1) 调整农田耕作制度：减少稻瘿蚊桥梁田，简化稻作，推行水稻种植区域化，双季稻区一律种植双季稻，避免插花种植其他稻作，这样可以利用双抢有效切断 3 代稻瘿蚊成虫产卵取食的桥梁田，压低 4 代稻瘿蚊的虫量。此外，在稻瘿蚊重发区实施双季稻改再生稻的耕作制度改革，可以有效地减轻稻瘿蚊的危害，主要是利用再生稻再生芽的易受害期短和株型结构特点有效地抑制了稻瘿蚊初孵幼虫的侵入。单季稻地区则尽量提早播种，如福建三明市将 5 月播种的单晚提早到 4 月 5 号以前种，基本避开 3 代稻瘿蚊的为害。

2) 减少越冬虫源：利用稻瘿蚊一般只以 1 龄幼虫在田边李氏禾或田间再生苗和落谷禾上越冬的特性，晚季收割后及时对冬闲田翻耕晒白，灌水溶田，并在 4 月底双早播种前，铲除越冬寄主游草、再生稻、落谷稻，可有效杀灭越冬虫源。

3）提倡栽培避蚊：早发苗、早控苗、控好苗是减轻稻瘿蚊为害的关键技术。根据品种特性适当提早水稻播种期，使水稻受稻瘿蚊侵害的生育敏感期（秧苗期至幼穗分化三期）与稻瘿蚊的各代幼虫盛发期错开；推行够苗晒田控制田间无效分蘖，避免连续不断抽生的无效分蘖为稻瘿蚊的取食和繁殖提供有利条件；早育稀秧也可有效降低稻瘿蚊为害。

4）种植抗虫品种：我国目前有部分品种对稻瘿蚊有较好抗性，生产上可以充分利用这些品种。鉴于稻瘿蚊存在不同的生物型，抗虫品种对不同生物型的抗性水平不同，因此需针对当地稻瘿蚊的生物型状况选用合适的抗虫品种。

5）集中育秧：在秧田期集中育秧，可以避免分散育秧时散落田间的秧苗受到稻瘿蚊产卵侵害，并可以减少施药面积和用药量，便于及时防治进而避免秧田内的稻瘿蚊虫源通过移栽扩散到本田为害。

（2）化学防治 稻瘿蚊的药剂防治应在预测预报和防治指标的指导下进行。施药适期为秧田在立针期至 1 叶 1 心期，本田在开始分蘖到转入幼穗分化期。注意采用"药肥兼施，以药杀虫，以肥攻蘖，促蘖成穗"的原则，一般施药时每亩拌施尿素 7 ~ 10 千克，可利用稻苗较强的补偿力降低稻瘿蚊的为害。

1）防治指标：以主害代的前一代的标葱内带有效虫源为依据，如在水稻分蘖初期，阴雨天多，田间带活虫的标葱达 2% ~ 3% 时进行施药防治；考虑天敌因素，若寄生率达 40%，则可放宽到 3% ~ 5% 进行防治。

2）常用药剂：可选用氯唑磷（3% 米乐尔颗粒剂）、丙线磷（10% 益舒宝颗粒剂）、阿维菌素、甲维盐、稻瘿蚊净、毒死蜱、三唑磷、晶体敌百虫等药剂。施药方法为用适量细泥沙均匀撒施，施药时要保持有浅水层。施药次数应视害虫发生数量、药剂种类及持效期、降雨情况和品种熟期等因素而定。

★ 16. 稻秆潜蝇

〔发生规律〕西南与长江中下游一般每年发生 3～5 代，以幼虫在看麦娘、游草、棒头、麦类等越冬寄主上越冬。贵州桐梓越冬代成虫于早春 4 月出现，后飞到秧田和本田产卵，第 1 代幼虫在 5 月下旬～6 月上旬是为害的高峰期，6 月中、下旬为化蛹高峰期，6 月下旬～7 月上旬为羽化盛期和产卵高峰期。7 月上旬～8 月中旬是第 2 代幼虫为害的盛期，9 月下旬～10 月中旬为羽化盛期。羽化后的成虫大多数集中在越冬寄主上产卵，幼虫随即钻入心叶内为害，并进入越冬状态。

成虫多在上午羽化，白天活动。雌虫怀卵量因代数而异，且个体间也差异较大，越冬代每雌产卵 26～50 粒，第 1 代产卵 2～81 粒，第 2 代产卵 1～31 粒。卵散产于稻叶表面，一般每叶 1 粒，少数 1 叶多粒。叶色浓绿的稻田着卵量较多。

幼虫多在早上 4：00～6：00 孵化，借露水湿润向下移动至叶枕处钻入叶鞘（一旦露水干掉，幼虫便不能侵入），再侵入心叶或幼穗，一般 1 株 1 头虫，少数 1 株 2 头虫。幼虫老熟后在叶鞘内经 4～5 天的预蛹期后化蛹，早稻上一般在剑叶叶鞘内叶枕处，中稻、晚稻和冬小麦一般于第 2 叶鞘内叶枕处。

稻秆蝇卵的孵化及幼虫的侵入均与降雨和湿度有关，阴雨多的年份卵孵化率、幼虫侵入率均高，发生危害较重。气温凉爽的山区、丘陵地带发生重；海拔高度与发生程度有关，如贵州在海拔高于 800 米的地区受害重于海拔 800 米以下的地区，而重庆一般在海拔 400～800 米范围内受害程度随海拔升高而加重，近年该虫发生逐渐向低于 400 米和高于 1000 米地区扩展。

种植水稻品种的不同，受害程度有一定的差异，一般杂交水稻受害较重。种植密度大的重于种植密度过稀的。氮肥施用量多，水稻长势嫩绿的田块，产卵率高，受害也重。

[防治方法]

（1）农业防治

1）降低越冬基数：利用越冬代幼虫在看麦娘等禾本科杂草和麦苗上越冬的特点，采取"除草灭虫"的措施。即在冬季抓好田埂、空闲田的除草；对早播麦田看麦娘基数高的，可于麦苗2叶期前后，按常规方法喷施绿麦隆除草剂。早稻田提早翻耕，尤其是看麦娘多的田块，应及时灌水翻耕，消灭越冬寄主上的幼虫和蛹，能有效降低虫口基数。

2）因地制宜地利用抗（耐）虫品种：适当调整播种期或选择生育期适当的品种，可避开成虫产卵高峰期。如单季稻地区可适当选用中、早熟品种，不但可适当推迟播种期，避过越冬代成虫的产卵高峰期，还能因提早收获，减少越冬代的成虫羽化，压低越冬基数。

3）栽培控害：改进育秧技术，推广旱育稀植技术或工厂化育秧，便于使秧苗避过第1代稻秆蝇产卵高峰。合理密植，不偏施、迟施氮肥，进行配方施肥，使水稻生长健壮，可减轻稻秆潜蝇的为害。针对山区冷水串灌、漫灌严重的现象，采取开三沟（避水沟、迂回沟、丰产沟），实行丘灌，适时排水晒搁田可减少稻秆蝇的发生。

（2）化学防治　在稻秆潜蝇三代常发区，一般采用"狠治一代挑治二代"的防治策略。第1代发生整齐、发生面广，狠治1代不仅有较好的当代保苗效果，而且还能压低2代基数；第2代发生常遇高温干旱，为害局限于山坳田和冷水田，因此实行挑治即可。防治适期应掌握在孵化始盛期至孵化高峰期，防治指标为秧田每百株有卵10~15粒，大田每百株有卵15粒，分蘖力强的品种可适当放宽指标。生产上因卵不易观察，可将防治适期推迟到低龄幼虫期，以秧田期株害率（稻苗刚展出的"破叶"为标志）1%、本田期株害率4%为防治指标。在早稻穗期常年受害较重的地区，应在水稻幼穗分化初期或即将进入拔节期时施药。常发区或发生较重的田块，在施药5~7天后，应再喷施药1次，以保证防治效果。

药剂可选择吡虫啉、阿维菌素、毒死蜱、杀虫双或喹硫磷等，撒毒土或兑水喷雾。

★ **17. 稻小潜叶蝇类**

〔发生规律〕　稻叶毛眼水蝇在东北每年发生4~5代，田间世代重叠，属完全变态。以成虫在水沟边杂草上越冬。黑龙江越冬成虫从4月末开始活动，5月上旬即可在水稻秧田及田边稗草、三棱草等杂草叶片上产卵，5月末~6月初为产卵盛期，此时正值水稻移栽后，卵大量产于本田，幼虫为害盛期在6月10日前后；第2代幼虫发生在6月上旬~7月上旬，主要为害直播水稻；7月中旬~9月中旬又转回到水渠内杂草上繁殖第3、4代；9月下旬~10月上旬羽化为成虫越冬；第1、2代幼虫均为害水稻，以第1代危害最重。

长江中下游，江苏、浙江等地以第2代幼虫对水稻的危害最盛，一般每年4月中旬以前第1代幼虫主要取食麦苗及看麦娘、稗草、李氏禾、雀稗等禾本科杂草，尤以看麦娘上数量较大；4月中下旬~5月上旬发生的第2代幼虫则为害早稻苗，小苗带土移栽及早插早稻受害较重；5月下旬以后由于气温升高、寄主老健等原因，不再继续为害水稻，而又转移到田边、沟边杂草如看麦娘、李氏禾、稗上继续繁殖。

成虫有趋糖蜜，喜食甜味食物；飞行能力较强，多在白天活动，夜间潜伏不动。对低温适应能力强，在旬平均气温5℃以上开始活动，11~13℃时最为活跃，30℃以上不能正常活动。成虫羽化后当天即能交尾，每雌产卵多次，每次产卵3~5粒，一生能产 47～655 粒。每片稻叶上产卵 7～10 粒，最多可达数十粒至百余粒。产卵部位，在田水深灌条件下喜产卵于下垂或平伏水面的叶片上，尤以嫩叶尖端较多，受害常较重；而在低于 5～7 厘米的浅灌稻田内，卵多产在叶片基部或中间部位。稻苗苗壮直立，则产卵较少，幼虫死亡率较高，受害较轻。

卵孵化后，多数初孵幼虫头部伸出卵壳后直接以锐利的口钩咬破稻叶表皮侵入并潜食叶肉；极少数幼虫在叶面上短暂爬行后再侵入取食。幼虫边潜行边食害叶肉，形成不规则弯曲潜道。幼虫有转株为害的习性，以孵化后 1～6 天转株多；转株过程中常落入水中死亡。当稻叶直立时，被食部分逐渐干枯，幼虫也会大量死亡。而当叶子平伏水面时，叶内不缺水，幼虫危害加重。幼虫期一般 11～14 天。幼虫老熟后即在潜道内化蛹，蛹期一般 6～15 天。

该虫是对低温适应性强的温带性害虫，故在北方寒冷稻区发生较多，气温 5℃ 以上时成虫即开始活动，30℃ 是其耐高温极限；田水 27～28℃ 是幼虫耐高温界限，故长江流域只在 4～5 月低温时才发生重。其发生还受降雨的影响，在适宜温度范围内，降雨早，雨量多，其发生危害早而重；降雨晚，危害轻，无降雨或很少降雨，则发生危害轻微。

该虫的发生与水稻栽培制度、品种、移栽期、生育期和水层管理等因素关系密切。例如，东北地区推广"集中育苗、集中插秧、缩短育苗期、缩短插秧期"，播种期提前到 4 月上旬，在 4 月下旬揭膜时，稻苗高 6～10 厘米，正值第 1 代成虫盛发期，秧田受害面积和程度比薄膜育秧以前有所扩大和加重，而且插秧时有部分未孵化卵带到本田，还会受到第 2 代的为害。此外，深灌使稻株生长纤弱、柔软，叶片平伏于水面，会吸引成虫产卵，因此受害重。

〔防治方法〕 一般不成灾，不需防治，在部分发生危害的地区或年份可采取以下措施。

（1）农业防治

1）一年只有部分世代在水稻上为害，其余各代在田边杂草上繁殖，清除田边可有效降低虫量。

2）鉴于倒伏于水面的叶片利于成虫产卵、幼虫转株为害，因此培育壮秧，避免稻叶倒伏，同时浅水灌溉，水层深度在5厘米以内，促使稻苗新根的发生和苗壮成长，尤在成虫产卵盛期7~10天内，浅水勤灌的控害效果更佳。

3）平整土地，确保稻苗在同一水层内健壮生长，减少弱苗，降低成虫产卵概率。

4）发生严重的地块，通过排水晒田，降低田间湿度，不利于幼虫发育，可有效控制其发展和为害。

（2）化学防治 重点防治早插、早播及生长嫩绿的稻田，选用药剂可参照稻秆潜蝇。

★ **18. 稻茎水蝇类**

〔发生规律〕

（1）稻茎毛眼水蝇 各地每年发生代数为4~8代不等。例如，湖南洪江每年发生4代。除卵外，各虫态均可越冬；越冬场所因虫态而异，幼虫一般在寄主植物茎内为害处，蛹在叶鞘内，成虫在潮湿处，尤其是靠近水面的草丛中。因越冬虫态不一，田间越冬代成虫出现时间也不整齐，4月中旬以后，田间成虫不断增加，6月上旬以后为盛期。第1代幼虫主要为害迟插早稻和中稻，形成伤叶；第2代幼虫为害中稻幼穗和晚稻秧苗，前者伤穗，后者伤叶；第3代幼虫为害晚稻形成大量伤穗；第4代幼虫在中稻落谷稻和再生稻上形成大量伤穗。福建三明市每年发生7代，以幼虫在沟边、田边游草（李氏禾）的叶鞘基部越冬，第2年3月中下旬气温回升时开始化蛹羽化、产卵。第1代幼虫仍在游草上为害；第 2 代幼虫开始部分迁到双季早稻为害，第 3 代幼虫为害双季晚稻秧苗，以第 4、5 代幼虫为害双季晚稻秧苗及分蘖期最为严重，圆秆拔节幼穗形成期的水稻仍能受害。

成虫羽化、交配、产卵均在白天进行，夜间不活动。每雌一般产卵 20 ~ 30 粒，最多产卵 39 粒。成虫有弱趋光性，产卵对水稻叶色无明显的趋性，但喜选择矮秆品种。卵大多数产在心叶下 1 ~ 2 叶叶片下部，单产。幼虫在心叶和幼穗内取食，未发现转移现象，而从叶片上蛀入取食的幼虫，有的在取食一段时间后爬出来，转至其他叶片或相邻的稻株上继续取食。幼虫造成的水稻产量损失因为害的水稻生育期而异，水稻营养生长期受害程度小，营养生长期受害程度大。

稻茎毛眼水蝇最适宜温度为 26 ~ 28℃、相对湿度 80% 以上，温、湿度是影响其发生的主要环境因素。广西象州县 3 ~ 4 月雨量、雨天多，5 ~ 6 月雨量正常、不干旱时，早稻稻茎水蝇发生重。福建三明市高温不干旱的气候有利于稻茎水蝇的发生，7 ~ 8 月（第 4 ~ 5 代）为害盛期正值高温季节，日平均温度达 28 ~ 29℃，最高温度可达 33 ~ 36℃；低海拔地区的发生重于高海拔地区，原因之一在于前者日均温度相对较高。干旱气候影响卵的孵化和幼虫的侵入，气候干旱时卵易干瘪，进而影响孵化率；同时，由于初孵幼虫的侵入需要雨滴或露珠，气候干旱时幼虫难以侵入稻株内为害而危害较轻。

水稻生育期影响稻茎毛眼水蝇的幼虫存活率和成虫繁殖力。幼虫存活率和成虫繁殖力由大到小依次为孕穗期、分蘖期、苗期、齐穗期。不同水稻品种间，该虫害的发生差异明显，矮秆品种和迟发弱小秧苗重于高秆品种和早发健壮秧苗；杂交组合比粳糯品种受害相对较轻，杂交组合中茎秆细硬、叶鞘包裹紧的受害较轻。栽培较迟的水稻比早插水稻矮小，成虫易择其产卵，受害较严重。田间排水不良或长期淹水田块，田间湿度大，受害偏重。施肥水平因影响稻苗嫩绿程度和长势而影响稻茎水蝇的发生。田间各世代在存活率、繁殖力等方面也有所不同。一般第1代最低，后续各代相对较高，代间差异较小。影响卵存活率的原因是天敌捕食和不孵化，幼虫死亡源于孵化后或转株时不能侵入稻株和被姬蜂寄生，蛹期死亡则主要是寄生蜂寄生所致。

（2）菲岛毛眼水蝇　在我国每年发生4~8代，如广西象州、台湾每年发生8代，以幼虫在水沟的李氏禾、晚稻再生苗及茭白上越冬。在广西象州县，越冬幼虫于第2年3月中旬开始活动，向根茎上转移，主要为害杂草；第2、3代发生盛期是4月中旬~6月上旬和5月下旬~7月中旬，主要为害早稻；第4、5、6代分别发生在7月上旬~8月中旬、8月上旬~9月中旬及9月上旬~10月中旬，主要为害晚稻。第7、8代转移到晚稻再生苗及李氏禾上为害并越冬。

成虫有一定的趋光、趋化性，特别是对哺乳动物粪便有较强的趋性；成虫喜欢在嫩绿的稻苗上产卵；卵散产，多在叶片正面。成虫寿命3~8天，每雌可产卵10~40粒；卵期持续2~6天，幼虫期11~20天，蛹期5~11天，因环境温度而有所差异。幼虫孵化后即钻入稻苗心叶内为害幼嫩部分，幼虫不转株；每株被害稻苗只有1头虫；整个幼虫期都在稻株内活动；老熟幼虫爬至稻株最外一层叶鞘中部或上部化蛹，少数靠近水面化蛹。幼虫对水稻的为害期长，从秧苗开始到穗期都能为害，但常以分蘖期发生的危害最烈，穗期受害相对较轻。若越冬幼虫化蛹羽化期较迟，秧田期受害较轻，而在本田分蘖期受害严重。菲岛毛眼水蝇对糯稻为害重于籼稻；

〔防治方法〕　在发生不重的地区或年份，可于其他害虫（如稻蓟马）防治时进行兼治，不需单独防治；但发生较重的地区或大发生年份，可采取农业防治与化学防治相结合的措施。

（1）农业防治

1）清除越冬场所，降低虫源基数。铲除沟边、塘边、田边李氏禾等越冬寄主，可减少越冬虫源。

2）采用合理的栽培措施以减轻危害。适当提早播种，培育壮秧，大田施足基肥，早施追肥，促进水稻早生快发，可减轻危害。此外，适时排水烤田，降低田间湿度，也可减轻危害。

（2）化学防治 卵盛孵期为防治适期；防治指标为水稻分蘖期（含秧田期）株受害率达到10%、孕穗期达到5%，或分蘖期每百丛有卵200~300粒、孕穗期每百丛有卵100~150粒。可选用三唑磷、阿维菌素、甲维盐、水胺硫磷等药剂兑水喷雾进行防治。

★ 19. 稻铁甲虫

〔发生规律〕 稻铁甲虫每年发生2~6代，分布由北限往南递增。贵州省普定县每年发生2代；重庆市万州区每年发生2~3代；江西永新、修水、南昌，湖南浏阳，湖北长阳及浙江衢江区等地每年平均发生3代；浙江台州等南部沿海地区则以3代为主，少数4代；台湾每年发生3~5代，广东每年发生4~6代。在江西南昌，越冬代成虫于4月中旬开始产卵，第1代卵于5月上旬开始孵化，5月中、下旬开始化蛹，5月下旬开始羽化和产卵；第2代卵于6月上旬开始孵化，6月中旬开始化蛹，6月下旬开始羽化，7月下旬开始产卵；第3代卵于8月上旬开始孵化，8月中旬开始化蛹，8月下旬开始羽化，9月下旬开始越冬，至第2年3月开始活动。主害代和主要发生期因地区而异，但均以水稻秧苗期和分蘖期受害最重，孕穗期以后受害很轻。江西省永新县和浙江省永嘉县主要以越冬成虫为害早稻秧苗和第3代幼虫为害晚稻苗期为重。广东省全年以5~6月和8~9月虫口密度最大，分别为害早稻、晚稻的生长前期。各地均以成虫越冬、越夏。越冬通常在温暖干燥、避风向阳处的沟边或田边处，成虫常蛰伏于土缝、落叶、砖石下及水稻、玉米、茭白、甘蔗、高粱等残株中，第2年春季气温转暖时，先在杂草、茭白、麦类上取食，待水稻秧苗返青后，逐渐集中到秧田为害并产卵，以后随秧苗移栽带入本田。

成虫白天常躲在稻叶背面或稻株基部，稍受惊动即假死跌落，并能随水流扩散为害。卵散产于叶片距叶尖7~20厘米处的叶片组织中，1片叶子上产卵3~7粒，多者12粒；卵多集中产于稻株上部的两片叶；每雌可产卵40~120粒，温暖多雨时产卵多，反之则少。幼虫孵出后潜居叶片组织中啮食叶肉，体长达3毫米以上时食量明显增大；幼虫期一般转移为害2~4次，多发生在清晨田间露水未干之前或阴雨天；1头幼虫能采食427.9~475.4毫米长的稻叶肉，经2次蜕皮后在受害叶膜囊中化蛹；羽化时，成虫破囊而出。

稻铁甲虫喜高温高湿。在长江流域稻区，春季温暖多雨时，成虫产卵多，孵化率高，发生量大，危害严重；夏、秋两季气温高、雨量充沛，也有利于稻铁甲虫发生。

双季稻及单双季稻混栽地区，食料丰富，适于稻铁甲虫的发育和繁殖。不同水稻品种会影响稻铁甲虫的发生，生育期早的水稻受害轻，生育期迟的水稻受害重；糯稻一般比籼稻受害重。稻铁甲虫成虫有趋嫩绿习性，凡播种早、生长好的早稻秧田和施肥多、生长青嫩的早晚稻本田，常能诱集大批成虫取食和产卵。其田间的自然天敌是影响稻铁甲虫发生的重要因素。据贵州普定县调查，第2代幼虫、蛹的被寄生率分别达到72.9%和56.0%。

【防治方法】 一般不成灾，不需防治，在个别发生危害的地区或年份可采取以下措施。

(1) 农业防治

1）铲除越冬寄主，减少越冬虫源。春季耕翻土壤，铲除田边、沟边杂草，及时引水灌田，破坏越冬场所，减少越冬虫源。

2）合理施肥，科学用水，增施磷、钾肥，避免叶色过浓，增强植株抗性。

（2）化学防治　重点防治成虫高峰期，若仍有较大发生量，需进一步在低龄幼虫期防治。每平方米秧田有成虫 5 ~ 10 头或本田中每百丛有成虫 20 ~ 25 头为化学防治指标。药剂可选用杀螟硫磷（杀螟松）、杀虫双、杀虫单或敌敌畏等，兑水喷雾防治。此外，在发生严重地区，按不同地段适期早播诱集田，以诱集大批越冬成虫，然后集中消灭，可事半功倍。

三、水稻刺吸式害虫　>>>>

★ **20. 褐飞虱**

〔发生规律〕

1）每年发生代数因南北地理纬度而不同，吉林通化仅 1 ~ 2 代，海南 12 ~ 13 代，除北纬 21°以南地区可终年繁殖、北纬 21° ~ 25°间少量间歇越冬外，北纬 25°以北均不能越冬。每年虫源由南方迁飞而来，是一种逐代、逐区、呈季节性南北往返长距离迁飞的害虫，受我国东亚季风进退的气流和作物生长的物候规律性的季节变化所同步制约。一般每年 3 月下旬 ~ 5 月，随西南气流由中南半岛迁入广东、广西南部发生区（北纬 19°到北回归线），在该区繁殖 2 ~ 3 代，于 6 月间早稻黄熟时产生大量长翅型随季风北迁，主降于南岭发生区（北回归线至北纬 26° ~ 28°），7 月中、下旬南岭区早稻黄熟收割，再北迁至长江流域及以北地区；9 月中下旬 ~ 10 月上旬，长江流域及以北地区水稻黄熟时产生大量长翅型，随东北气流向西南回迁。外来虫源区，每年虫源迁入的迟早和数量对当地褐飞虱发生的迟早、世代数和发生程度有直接影响。

2）长翅型成虫为迁飞型，短翅型成虫为居留繁殖型，其产卵前期较长翅型短，繁殖力较强。只有长翅型褐飞虱才迁飞，迁入地水稻多值分蘖期或孕穗期，所繁殖的后代多为短翅型，1～2代后，随着虫口密度的增加及水稻进入灌浆成熟期，长翅型比例又迅速增多，大量迁出。食料条件、虫口密度是褐飞虱翅型分化的主要外部诱发因素。一般分蘖期和孕穗期水稻有利于短翅型的产生，黄熟期水稻有利于长翅型的产生；虫口密度过大会诱发长翅型比例增高。

3）成虫有强趋光性，在晚间 8：00～11：00 扑灯多。26～28℃条件下，成虫寿命 15～25 天，产卵前期为 2～3 天，卵期持续 7～8 天，若虫期为 10～12 天。雌虫繁殖力强，每雌产卵 150～500 粒，最多 700～1000 粒。成虫、若虫多群集于稻丛基部附近取食，一般不大移动，遇惊则落水跳往别处。

4）喜温爱湿，生长适宜温度为 20～30℃，最适温度为 26～28℃，适宜的相对湿度在 80% 以上，盛夏不热、深秋不凉、夏秋多雨是该虫大发生的气候条件。肥水管理不当，如没有认真搁田，排灌措施不好导致地下水位高或施肥不当导致叶片徒长、荫蔽度大，即使降雨量不多也因田间小气候湿度大而有利于褐飞虱的大发生。

5）食料条件是影响褐飞虱发生的重要因素。水稻不同生育期因营养条件不同，不但影响褐飞虱翅型分化，而且还对其生长发育和繁殖力有较大影响，一般取食孕穗期水稻的褐飞虱若虫发育历期最短、繁殖力最高，取食秧苗期的则反之。因此，不同水稻品种进入生殖生长期的迟早也影响褐飞虱的发生，同一地区品种在抗性水平、栽培管理相似的情况下，褐飞虱的发生首先出现在熟期较早的品种和早栽的田块，主要是因为水稻较早转入生殖生长期。

6）水稻品种中对褐飞虱的抗性资源较丰富，品种抗性水平对褐飞虱迁入后的发生起着关键作用，抗性好的品种往往不需要其他措施进行褐飞虱的防治，感虫甚至超感虫的品种即使在大量使用化学农药的条件下出现一次用药不到位就可能冒穿。然而，同一抗虫品种大面积种植一定时间后，褐飞虱自身致害能力会发生改变，产生新的"生物型"，使原本抗虫的品种变为感虫。目前我国大多数地区的褐飞虱对含抗虫基因 *Bph1* 或 *Bph2* 的水稻品种已有较强的致害能力，对含抗虫基因 *Bph3* 的水稻品种的致害能力也明显上升，在抗虫品种的选用上应予以重视。

7）自然天敌对褐飞虱的发生有很大的抑制作用。田间褐飞虱的天敌种类众多，如卵期天敌主要有稻虱缨小蜂、黑肩绿盲蝽，若虫、成虫期有多种蜘蛛、螯蜂、捻翅虫、线虫、步甲、隐翅虫、尖钩宽黾蝽等。一些年份在局部生态环境条件下，缨小蜂对卵的寄生率可高达 40%～70%，盲蝽捕食率可达 47%～80%，线虫对成虫的寄生率甚至可超过 90%。

[防治方法] 充分利用自然因子的控害作用，创造不利于害虫而有利于天敌繁殖和水稻增产的生态条件，在此基础上根据具体虫情，合理使用化学农药。

（1）农业防治

1）保护利用自然天敌：除减少施药和施用选择性农药以外，可通过调节非稻田生态环境，提高其中天敌对稻田害虫的控制作用，主要是在稻田周围（包括田埂）保留合适的植被（如禾本科杂草）。但在一些以周边杂草为中间寄主或越冬寄主的害虫（如稻蝽类、稻甲虫类、稻蚊蝇类等）发生较重的地区，此法的选用应酌情取舍。

2）利用抗虫品种：在我国水稻生产上的主栽品种尽管对褐飞虱的抗性普遍较差，但目前抗褐飞虱水稻品种的选育受到关注，有一批含 *Bph3*、*Bph14* 和 *Bph15* 等抗虫基因的水稻品种得到审定或推广。此外，部分品种对褐飞虱也表现为较强的耐虫性，生产上应因地制宜选用。

3）科学肥水管理：适时烤田，防止水稻后期贪青徒长，形成有利于水稻增产而不利于褐飞虱滋生的生态条件。在肥料使用上，避免过多施氮肥，推荐采用"适氮、稳磷、增钾、补微（微量元素肥)"的平衡施肥原则，避免集中施用基蘖肥的施肥方式，防止田间封行过早、稻苗徒长荫蔽，增加田间通风透光度，降低湿度，创造可以促进水稻生长而不利于褐飞虱滋生的田间小气候。

4）稻鸭共育：南方水网地区采用稻田养鸭等措施，田间褐飞虱的虫口减退率可达45%～65%，在褐飞虱中等偏重及以下发生年份，不需要其他防治措施即可有效控制其为害。

（2）化学防治　化学防治是褐飞虱的关键应急防治手段，同时也可能成为诱发褐飞虱再生猖獗的重要原因。当前褐飞虱对多数常用药剂的抗药性问题较突出，科学、合理地进行化学防治十分迫切和重要。

1）防治策略：根据水稻品种类型和虫情发生情况，可采用"压前控后"或"狠治主害代"的防治策略，前者适合单季晚稻和大发生年份的连作晚稻，后者适合双季早稻及中等偏重及以下年份的连作晚稻。

2）防治指标：生产上不能见虫就打药，仅对达到防治指标的田块进行防治。由于各地栽培制度、品种类型、水稻生育期不同，防治指标不尽相同。一般水稻前中期防治指标从严，后期适当从宽。双季稻地区主害代的防治指标，早稻每百丛有1000～1500头；晚稻每百丛有1500～2000头，黄熟期每百丛有2500～3000头；压前控后，前代的控制指标为每百丛有幼虫400～500头或有成虫50～100头。不同生态区、不同类型的稻田，其防治指标有所差异。如江苏单季晚稻的防治指标，粳稻分蘖期、拔节孕穗期、灌浆期、蜡熟期每百丛虫量分别为100～300头、500～600头、800～1000头和1200～2000头，籼稻分蘖期、孕穗破口期、灌浆期每百丛虫量分别为 200～500 头、800～1000 头和 1500～2000 头；浙江单季晚稻分蘖期、孕穗期、灌浆期的防治指标每百丛虫量分别为 200～300 头、300～500 头和 1500～2500 头。各类单季晚稻或连作晚稻拔节孕穗期，每百丛有短翅雌虫 10～20 头时应防治。

3）选用对口药剂：应选用低毒、高效、安全的对口药剂或配方在 1～3 龄若虫高峰期，兑水喷雾或施毒土。药剂选用因各地褐飞虱的防治策略而异，一般地，实行压前控后策略时，"压前"（水稻前期）应选用吡蚜酮、呋虫胺、烯啶虫胺等持效期较长的药剂，同时避免使用对天敌毒性较大或对褐飞虱有刺激作用的药剂，如敌敌畏、毒死蜱等，在防治其他害虫时也避免使用三唑磷、菊酯类、甲维盐、阿维菌素等对天敌杀伤作用大或刺激飞虱发生的药剂，以减少后期防治压力；主害代的防治，应选用速效性兼持效性较好的药剂如呋虫胺、烯啶虫胺、噻虫胺、环氧虫啶，或持效性好但速效性较差的吡蚜酮与速效性农药（如氨基甲酸酯类的异丙威、仲丁威等）混用或复配，以迅速压低虫口基数，并保持一定的持效期控制残虫。水稻后期的药剂选用则重点在避免稻谷农药残留，可选择速效性好而残效期较短的药剂，如氟啶虫胺腈、烯啶虫胺、敌敌畏等；也可选用金龟子绿僵菌，该微生物制剂对褐飞虱有较好的防效。

> ⚠ **注意** 褐飞虱对多数常用药剂的抗药性问题较突出，应严格限制使用褐飞虱抗性较突出的药剂，选用无交互抗性杀虫剂进行合理轮用或混用。对抗药性水平居高不下的吡虫啉，应避免用于褐飞虱的防治，在白背飞虱及其所传病毒病的防治中也应限于种子处理和秧田期的防治；对开始产生高抗药性尤其是抗性上升趋势明显的吡蚜酮、呋虫胺等应将每季水稻的使用次数限制在 1 次，以延缓褐飞虱抗药性的发展。

★ **21. 白背飞虱**

〔发生规律〕

1）白背飞虱同褐飞虱一样是一种长距离季节性迁飞的害虫，在我国大部分地区均不能越冬，初始虫源均是异地迁飞而来。迁飞与东亚季风关系密切，春季随西南或偏南气流从中南半岛迁入我国，夏季同样随西南或偏南气流向北延伸，间歇出现的东西气流使该虫从东部地区迁入我国西部地区；秋季东北或东风气流又使该虫自北往南、自冬往西回迁。海南南部终年繁殖区每年发生11～12代，往北发生代数减少，按纬度大致分为：北纬24°～25°每年发生8代，26°～27°每年发生7代，27°～30°以每年发生6代为主，30°～32°以每年发生5代为主，32°～40°以每年发生4代为主，40°～44°每年发生3代。外来虫源区，白背飞虱的发生代数除与不同纬度地区的气候差异密切相关外，还随虫源迁入的迟早、水稻耕作制度和海拔条件而异。

2）成虫有强趋光性和趋嫩性。25～29℃下，卵历期6～9天，若虫历期为10～15天，雌虫寿命约20天，雄虫约15天。雌虫产卵期一般为10～19天，每雌产卵180～300粒，其在稻株上的产卵部位随水稻生育期延迟而逐渐上移，分蘖期多产于稻茎下部叶鞘，孕穗期多产于稻茎中部叶鞘，黄熟期则多产于倒1～2叶中肋。

3）各地白背飞虱的发生程度与迁入的虫源数量密切相关，同时还取决于当地的水稻生育期、品种抗虫性、水肥管理、气候、雨量和天敌数量等因素。若条件适宜，白背飞虱易迅速大量增殖，暴发成灾。在水稻不同生育期中，以分蘖盛期至孕穗抽穗期营养最为适合，黄熟期则不适于其生活。品种抗虫性是影响白背飞虱大发生的关键因素，近年来在浙江、江苏等地单季粳稻分蘖期，白背飞虱一般不需要防治的重要原因就是该类品种对白背飞虱普遍有较好的抗性。

4）白背飞虱对温度的适应性比褐飞虱强，耐寒力强于褐飞虱，生长适宜温度范围为 15～30℃，宽于褐飞虱。对湿度要求也较高，适宜相对湿度为 80%～90%。生产上在白背飞虱主害代，前期多雨、后期干旱的条件是大发生的预兆。如长江中下游 6～7 月大量产卵和繁殖期，若雨量较多，相对湿度为 85%～90%，则多为重发年。水肥管理直接影响稻田间小气候，若肥水管理不当，稻苗贪青，不但吸引成虫产卵，还因植株茂密，田间荫蔽度高，田间湿度大而有利于白背飞虱的发生。

5）天敌对白背飞虱的影响同褐飞虱一样，是抑制该虫发生的重要因子，天敌种类也与褐飞虱的相似。

〔防治方法〕 同褐飞虱的防治方法类似。在生产当中应善于创造和利用不利于白背飞虱发生的控制因素，如种植抗性或耐性水稻品种，合理的肥水管理，健身栽培，提高水稻品种抵御白背飞虱的能力；不滥用、乱用农药，选用对口低毒农药，充分保护利用自然天敌的控害作用。

在具体的防治方法中，农业防治方法可参照褐飞虱，化学防治除需下述针对性措施外，其他也与褐飞虱相似。由于白背飞虱的危害除自身刺吸为害外，还与其传播重要水稻病毒病——南方水稻黑条矮缩病有关，故其用药策略因南方水稻黑条矮缩病的流行情况而异。

1）非病毒病流行区，一般可采用重点防治主害代的对策，但在常年重发区或遇成虫迁入量特别大而集中的年份，可采取防治迁入高峰期成虫和主害代低龄高峰期若虫相结合的对策。防治指标为：主害代每百丛的虫量，杂交稻孕穗期、破口孕穗期分别为 800～1000 头、1000～1500 头，常规稻孕穗破口期、抽穗灌浆期分别为 600～800 头、1000～1200 头；迁入代成虫则为每百丛 100～200 头。

2）病毒病流行区或迁入成虫带毒率高的地区，需采取"狠治迁入代，控制主害代"的防治策略，迁入代的防治指标应从严，秧田中白背飞虱成虫平均每平方米早稻有 10～20 头、晚稻有 5～10 头，本田前期每百丛有 50～100 头，如果白背飞虱带毒率较高则减少为每百丛有 5～20 头。

白背飞虱对吡虫啉没有产生明显的抗药性，所以吡虫啉对其有较好的防效，但因田间白背飞虱常与褐飞虱混合发生，为缓解褐飞虱对吡虫啉的极高抗药性困局，在混合发生区应限制在种子处理或秧田送嫁药等范围使用。

白背飞虱的发生早于褐飞虱，加之其能传播重要病毒病，因此，有关地区还可采用：①无纺布或防虫网覆盖阻隔白背飞虱传毒。②种子处理，常用方法是在种子催芽后选用吡虫啉种衣悬浮剂（高巧、优拌）等药剂进行拌种，详见南方水稻黑条矮缩病中的种子处理方法。

★ **22. 灰飞虱**

〔**发生规律**〕我国北方稻区每年生 4～5 代，江苏、浙江、湖北、四川等长江流域稻区每年发生 5～6 代，福建每年发生 7～8 代，田间世代重叠。属本地越冬害虫，以 3～4 龄虫（少量为 5 龄虫）在麦田、紫云英或沟边杂草上越冬。在稻田的发生比褐飞虱、白背飞虱早，华北稻区越冬若虫于 4 月中旬～5 月中旬羽化，在迟嫩麦田繁殖 1 代后迁入水稻秧田、直播本田、早栽本田或玉米地，6～7 月大量迁入本田为害，在 9 月初水稻抽穗期至乳熟期以第 4 代若虫数量最大，危害最重；南方稻区越冬若虫在 3 月中旬～4 月中旬羽化，以 5～6 月早稻中期发生较多。

灰飞虱有较强的耐寒能力，但对高温适应性差，生长发育最适温度为 23℃，超过 30℃时发育速率延缓、死亡率高、成虫寿命缩短。卵历期最短为 5～7 天，若虫期最短为 13～16 天，雌虫产卵前期为 4~8 天。雌虫一般产卵数十粒，越冬代较多，可达 500 余粒。卵产于植株组织中，喜在生长嫩绿、高大茂密的植株产卵，每个卵块多含 5~6 粒。

在田间喜通透性良好的环境，栖息于植株较高的部位，并常向田边聚集。成虫翅型变化稳定，越冬代多为短翅型，其余各代以长翅型居多，雄虫除越冬代外几乎全为长翅型。

[防治方法] 灰飞虱的主要危害在于传播水稻病毒病，因此对该虫的防治主要在于控制病毒病为害。其防治措施除参照褐飞虱和白背飞虱的防治方法外，重点还需采取以下针对性防治措施。

（1）农业防治

1）因地制宜地调节水稻播种期：近年来，江苏通过适当推迟单季晚稻的播种期，显著减少了从麦田迁出的灰飞虱及其病毒病对水稻的危害。

2）适时翻耕除草：禾本科杂草不但是灰飞虱的越冬寄主，而且带病杂草也是病毒的毒源。春季在 1 代灰飞虱成虫羽化前耕翻、铲除禾本科杂草，消灭虫源滋生地和减少毒源，可有效控制灰飞虱的发生。

（2）物理防治　在病毒病流行地区，用防虫网或无纺布覆盖秧田，可以防虫并阻止病毒的传播。该法是近年来江苏等地有效控制灰飞虱及病毒病为害的关键措施之一。

（3）化学防治　在灰飞虱传播病毒病并流行成灾的地区，化学防治以治虫防病为目的，重点是消灭害虫于传毒之前，采取"狠治 1 代，控制 2 代"的防治策略。在防治时机上，要抓住1~2 代成虫迁飞高峰期和低龄若虫孵化高峰期，将灰飞虱集中消灭在秧田期和本田初期。对于江苏、辽宁等个别灰飞虱可能在水稻穗期造成危害的地区，穗期应开展针对灰飞虱的防治。适用药剂和具体施药技术可参照褐飞虱和白背飞虱。

★ **23. 黑尾叶蝉**

〔发生规律〕

1）黑尾叶蝉年发生代数随地理纬度而异，北纬32°以北，如河南信阳、安徽阜阳每年发生4代；北纬30°~32°，如江苏南部、上海、浙江北部以每年发生5代为主；北纬27°~30°，如江西南昌、湖南长沙以每年发生6代为主；北纬25°~27°，如福建福州、广东曲江以每年发生7代为主，广东广州则以每年发生8代为主；田间世代重叠。主要以若虫和少量成虫在冬闲田、绿肥田、田边等处的杂草上越冬，主要食料是看麦娘。长江流域以7月中旬~8月下旬发生量较大，主要为害早稻后期、中稻灌浆期、单晚分蘖期和连晚秧田及分蘖期；华南稻区则6月上旬~9月下旬均有较大发生，为害早稻穗期和晚稻各生育期。

2）成虫、若虫均较稻飞虱活泼，受惊即横行或斜走逃避，惊动剧烈则跳跃或飞去。成虫白天多栖于稻丛中、下部，晨间和夜晚在叶片上部为害；趋光性强，卵产于水稻或稗草上，多从叶鞘内侧下表皮产入组织中，少数产于叶片中肋中，单行排列，每块卵11~12粒；雌虫繁殖力强，每雌平均可产10块卵，总量达120粒以上。若虫多群集于稻丛基部，少数可取食叶片和穗，具体位置随水稻生育期不同而有所变化；若虫期最短为14~16天。

3）冬季温暖，降雨少，越冬死亡率低，带毒个体体内病毒增殖速度较快，传毒力较强，第2年较易大发生。该虫喜高温干旱，6月气温稳定回升后，虫量显著增多，7~8月高温季节达发生高峰，凡夏季高温干旱年份，一般有利于该虫的大发生；但持续30℃以上的高温会降低其存活率和繁殖力。

4）栽培制度与栽培技术是影响叶蝉发生的重要因素。单、双季混栽区食料连续、丰富，发生量大，受害重；连作稻区早晚季稻换茬期食料连续性稍差，发生量次之；单季稻区前期与后期食料不足，受害最轻。早栽、密植及肥水管理不当而造成稻株生长嫩绿、繁茂郁蔽，田间湿度增大，也有利于该虫的发生。

5）水稻品种是影响叶蝉发生的又一重要因子。不同品种的叶色、株型、稻株幼嫩度和柔软性等的差异均影响该虫的发生，一般糯稻重于粳稻，粳稻重于籼稻，目前的抗虫品种均属籼稻型。

6）天敌对抑制叶蝉的发生有重要作用，主要有卵期的褐腰赤眼蜂等多种赤眼蜂和黑尾叶蝉缨小蜂，成虫、若虫期的捻翅虫、寄生蝇及多种蜘蛛、瓢虫、宽黾蝽、隐翅虫、步甲、猎蝽、蛙类和白僵菌等。1977 年在福建调查发现，黑尾叶蝉卵期褐腹赤眼蜂的寄生率达 51.4% ~ 56.3%，多雨时局部地区白僵菌在早稻后期黑尾叶蝉叶蝉的寄生率可达 70% ~ 80%。

〔防治方法〕

（1）农业防治　参照褐飞虱。

（2）化学防治　每百丛达虫口 300 ~ 500 头，病毒流行地区每百丛达虫口 50 ~ 100 头时，需在 2 ~ 3 龄若虫高峰期及时用药，药剂种类和施用方法可参照白背飞虱。

★ **24. 稻蓟马**

〔发生规律〕

1）稻蓟马世代周期较短，长江流域及华南等地每年发生10 ~ 15 代，田间世代重叠。有趋嫩为害习性，水稻生长前期（秧田期和分蘖期）受害较重，水稻圆秆拔节后，大多转移到田边杂草或周边水稻秧苗上，并在田边杂草越冬，于第 2 年早稻秧田期迁回稻田为害。适宜条件下，每雌产卵 50 ~ 90 粒。卵散产于叶面，以第 4、5 叶期秧苗着卵量最多。夏季高温（平均温高于27℃)和干旱条件下,成虫繁殖力弱(适宜产卵温度为18~25℃)、产卵量少、卵孵化率低,低龄若虫死亡率高,加之水稻处于生长后期,食料条件不适,稻蓟马数量显著下降。

2)稻田中可捕食稻蓟马的天敌较多,如稻红瓢虫、草间小黑蛛、微小花蝽、捕食性蓟马等天敌对稻蓟马的发生有较大的抑制作用。

〔防治方法〕

(1)农业防治

1)冬、春季清除杂草,特别是秧田附近的游草及其他禾本科杂草等游草越冬寄主,以降低虫源基数。

2)同一品种、同一类型田应集中种植,改变插花种植现象。

3)受害水稻生长势弱,适当的增施肥料可使水稻迅速恢复生长,减少损失。

(2)化学防治 一般在秧田卷叶率达10%~15%或每百丛虫量达100~200头,本田卷叶率20%~30%或每百丛虫量为200~300头时,即进行药剂防治。重点防治秧田期,重发地区在移栽前一般用药1次,防止将秧苗蓟马带入大田;药剂可选用吡虫啉、噻虫嗪等,兑水喷雾。也可结合病害的防治在播种前拌种处理,来防治秧田期蓟马;大田前期发生重的地方,还可在移栽前施用送嫁药带药下田,从而减少大田前期用药,节省用工和减少农药对环境的污染。

★ **25. 稻管蓟马**

〔发生规律〕 稻管蓟马在水稻整个生育期均出现,但在水稻生长前期的发生数量比蓟马少(水稻前期稻叶尖卷枯主要是稻蓟马而非稻管蓟马为害所致),多发生在水稻扬花期。

〔防治方法〕 重点抓穗期稻管蓟马的防治,化学防治方法同稻蓟马。

★ **26. 稻绿蝽**

〔发生规律〕

1）浙江每年发生1代，广东每年可达3~4代，田间世代整齐。以成虫群集于松土下或田边杂草根部、树洞、林木茂密处群集越冬。第2年3~4月，越冬成虫陆续迁入附近早播早稻、豆类、麦类、芝麻及杂草上产卵，若虫完成发育后若正值水稻扬花期，则大量迁入稻田为害稻穗，水稻黄熟后又迁入周边杂草与花生、芝麻、豆类等植物上。26~28℃时，卵期持续5~7天，若虫期为21~25天，产卵前期为5~6天。该虫食性虽杂，但喜集于植物开花期和结实初期为害。成虫趋光性强，多在白天交配，晚间产卵，卵多产于叶背、嫩茎或穗、荚上。若虫孵化后先群集于卵块周围，2龄后逐渐分散，水稻穗期多集中于穗部为害，分蘖期则多于稻株基部为害。

2）天敌是该虫发生的一类抑制因子，主要有稻蝽沟卵蜂、蝽黑卵蜂、弓体跳小蜂、蜘蛛、食虫虻、鸟类和蛙类等。

〔防治方法〕 一般不成灾，便不需要防治，在个别发生危害的地区或年份可采取以下措施。

（1）农业防治 稻蝽发生严重的地区，冬、春季节结合积肥清除田边附近杂草，减少虫源数量；适当调节播种期或选用适宜生育期品种，尽量使水稻穗期避开稻蝽发生高峰期；抽穗前放鸭食虫。

（2）化学防治 重点抓穗期稻绿蝽的防治。虫量较大时，可选用吡虫啉、晶体敌百虫、敌敌畏、功夫或敌杀死等农药，兑水喷雾。

★ **27. 稻黑蝽**

〔发生规律〕 贵州、四川、重庆及江浙一带每年发生1代，江西、湖南每年发生2代，广东每年发生2~3代，以成虫群集于田边杂草根部土壤或向阳土缝或树皮裂隙中越冬。第2年4~5月越冬成虫先在草丛活动，后迁入稻田取食产卵，卵多产于近水面叶鞘处，每雌产卵30~40粒。26~28℃时，卵期持续6天，若虫期约为40天，成虫寿命为40~50天。成虫、若虫均畏阳光，白天潜于稻株下部，晚上到稻株上部取食。初孵若虫多群集于稻株基部卵块附近取食，3龄后转移到穗上取食。在广东，该虫多发生于丘陵、山区的坑田，6月时虫口数量大，此时正值早稻扬花期，受害重；早稻收割后该虫转移到田边杂草上，晚稻分蘖期又转移到稻田为害。早插、长势旺盛、叶色浓绿的田块受害往往较重。卵期的稻蝽黑卵蜂，以及成虫、若虫期的猎蝽、蜘蛛、蛙类、鸟类、白僵菌，均对抑制该虫的发生有一定作用。

[防治方法] 参照稻绿蝽。

★ **28. 大稻缘蝽**

[发生规律] 广西每年发生4~5代，云南每年发生3~5代，以成虫于田边杂草丛间、表土缝中过冬，但遇暖冬可飞至冬小麦、绿肥花穗上为害。在华南该虫无真正越冬现象，第2年3~4月越冬成虫先在冬季作物、杂草上产卵、繁殖，6月在早稻穗期大量迁入稻田，9~10月为害晚稻。卵多产于叶面，每雌平均产卵130粒。卵期持续8天，若虫期为15~29天，成虫寿命为60~90天，越冬成虫寿命可达300天。喜温湿环境，若冬季温暖，第2年第1代发生重；稻田周边禾本科植物较多时，水稻穗期受害重。该虫最大的特点是群集于灌浆期稻穗上取食，对其他作物的为害也相似。卵期寄生蜂及捕食成虫、若虫的蜘蛛、蛙类、鸟类等天敌，对该虫的发生有一定的抑制作用。

[防治方法] 参照稻绿蝽。

★ **29. 稻棘缘蝽**

[发生规律] 湖北每年发生2代，江西、浙江每年发生3

代，以成虫在杂草根际处越冬，广东、广西、云南南部无越冬现象。江西越冬成虫于3月下旬出现，4~6月在田边杂草及早稻上产卵，6~7月羽化并大量迁入稻田，晚稻黄熟后又迁出至田边杂草。卵产在寄主的茎、叶或穗上，多散生在叶面上，也有的以2~7粒排成纵列。早熟或晚熟生长茂盛的稻田易受害，近塘边、山边及与其他禾本科、豆科作物近的稻田受害重。同大稻缘蝽相似，卵期寄生蜂和成虫、若虫的捕食性天敌，对该虫的发生有一定的抑制作用。

〔防治方法〕 参照稻绿蝽。

★ **30. 麦长管蚜**

〔发生规律〕 长江以南以无翅胎生成蚜和若蚜于麦株心叶、叶鞘内侧或早熟禾、看麦娘、狗尾草等杂草上越冬。浙江稻区在第2年3~4月，越冬蚜虫在越冬寄主上取食、繁殖，到5月上旬虫口达到高峰，5月中旬后，小麦、大麦逐渐成熟，蚜虫开始迁至早稻田为害，进入梅雨季节后，虫量开始减少，大多产生有翅胎生蚜迁至河边、山边的稗草、马唐、莠白、玉米、高粱上栖息或取食，此后出现高温干旱，则进入越夏阶段。9~10月天气转凉，杂草开始衰老，正值晚稻穗期，最适麦长管蚜取食为害，因此晚稻常受害严重。大发生时，有些田块，每穗蚜虫数可高达数百头。晚稻黄熟后，虫口数下降，大多产生有翅胎生蚜，迁到麦田及杂草上取食或蛰伏越冬。瓢虫、蚜茧蜂、食蚜蝇、蜘蛛、虫霉等对抑制稻蚜数量有一定影响。

〔防治方法〕 一般不成灾，便不需要防治，在个别发生危害的地区或年份可采取以下措施。

（1）农业防治

1）注意清除田间、地边杂草，尤其在夏、秋两季除草，对减轻晚稻蚜虫为害具有重要作用。

2）加强稻田管理，使水稻及时抽穗、扬花、灌浆，提早成熟，可减轻蚜害。

（2）化学防治　晚稻有蚜株率达 10%～15% 或每百丛有蚜虫 500 头以上时，及时喷洒吡虫啉、吡蚜酮或敌敌畏等药剂。

★ **31. 稻赤斑沫蝉**

[发生规律]　河南、四川、江西、贵州、云南等地每年发生 1 代，以卵在田埂杂草根际或裂缝的 3～10 厘米处越冬。第 2 年 5 月中、下旬孵化，在土中吸食草根汁液，2 龄后渐向上移，若虫常排出体液并吹成泡沫遮住身体，羽化前爬至土表。6 月中旬羽化为成虫，迁入水稻、高粱或玉米田为害，7 月危害严重，8 月以后成虫数量减少，11 月下旬终见。每雌产卵 164～228 粒，卵期持续 10～11 个月，若虫期为 21～35 天，成虫寿命为 11～41 天。一般分散活动，早、晚多在稻田取食，遇有高温强光则藏在杂草丛中，大发生时于傍晚在田间成群飞翔。一般以田边受害较重。

[防治方法]　一般不发生危害，不需防治，在个别发生危害的地区或年份可采取以下措施。

（1）农业防治　受害重的地区，冬、春季结合铲草积肥或春耕沤田，用泥封田埂，能杀灭部分越冬卵，同时可阻止若虫孵化。

（2）化学防治　必要时在成虫发生高峰期喷洒异丙威、仲丁威或马拉硫磷等药剂。

★ **32. 稻白粉虱**

[发生规律]　湖南每年发生 6 代，福建每年发生 7 代，以拟蛹和成虫在马唐、千金子、狗牙根、牛筋草等禾本科杂草及落谷苗的叶背面越冬，第 2 年 4 月中下旬气温升至 16℃时，在早播秧田上出现成虫，第 1～4 代为害双季早稻，3 代是主害代；3～

6代为害单季中稻，4～5代是主害代；5～6代为害双季晚稻，第5代是主害代；3～5代出现世代重叠。水稻孕穗期至灌浆期受害重。成虫有喜于嫩绿、隐蔽、生长旺盛的植株叶片上产卵的习性，不同虫态在稻株叶片上的垂直分布及在不同生育期分蘖之间的分布，与其产卵习性有明显的相关性。成虫寿命为9～21天，产卵前期为1～2天，卵期持续9～12天，若虫与拟蛹期为15～22天。稻田灌深水、杂草多、偏施氮肥、植株生长茂盛、无效分蘖多、通风不良的受害重。双季稻区受害显著重于单季稻区，半山区稻田为其最适宜的生态环境。7～8月高温干旱的气候条件下受害重。

〔防治方法〕 一般不发生危害，便不需要防治，在个别发生危害的地区或年份可采取以下措施。

（1）农业防治

1）及时清除田边、沟边杂草，及时耕翻落谷苗，消灭越冬虫源。

2）合理密植，防止偏施氮肥，加强田间管理，不要深灌，适时烤田，控制无效分蘖。

（2）化学防治 采用压前控后的治虫策略，狠治3～5代。在低龄若虫发生盛期，选用扑虱灵或吡虫啉等药剂，兑水喷雾。

四、水稻食根类害虫 >>>>

★ **33. 稻象甲**

〔发生规律〕

1）江苏、安徽、湖北及以北地区每年发生1代，浙江、江西、湖南、贵州及四川每年发生1～2代，以南地区每年发生2代。越冬以成虫为主，幼虫和个别蛹也能越冬。幼虫、蛹多在土表3～7厘米深处的根际、土缝中越冬，成虫常蛰伏在田边杂草落叶、树皮下越冬。1代区一般在第2年5~6月开始活动，以南地区则于4~5月开始，进入早、中稻秧田或本田取食、产卵和繁殖，孵出幼虫为害稻根，一般在早稻返青期危害最烈。6~7月开始出现第1代成虫，1代区即蛰伏过冬，2代区则继续产卵繁殖，为害晚稻。1代世代历期约2个月，2代长达8个月，1代幼虫期为60~70天，越冬代的幼虫期则长达6~7个月。

2）成虫于早晚活动，白天躲在秧田或稻丛基部株间或田埂的草丛中，有假死性和趋光性，以口器在离水面3厘米以上的稻茎上咬小孔产卵，每孔有卵3~20多粒。1丛稻根下可有幼虫数十甚至100多头，但幼虫无适于水中呼吸的器官，长期水浸不利于其存活。老熟幼虫在稻根附近3~7厘米的土层做土窝化蛹，成虫羽化后可暂时蛰伏土窝内，以后再外出活动。

3）生产上通气性好、含水量较低的旱田、干燥田、旱秧田、沙质田易受害。春暖多雨，利于其化蛹和羽化，早稻分蘖期多雨利于成虫产卵。

[防治方法]

（1）农业防治

1）注意铲除田边、沟边杂草，春耕沤田时多耕多耙，使土中蛰伏的成虫、幼虫浮到水面上，再把虫捞起深埋或烧毁。

2）可结合耕田，排干田水，然后撒石灰或茶子饼粉40~50千克可杀死大量虫口。

（2）化学防治　受害严重的地区，防治成虫应掌握在盛发高峰期，防治幼虫应抓住卵孵化高峰期，或在栽后6~10天进行防治。成虫、幼虫的防治指标分别为早稻每百丛有20头和27头，晚稻每百丛有25头和37头。

防治成虫可选毒死蜱或三唑磷等药剂，兑水喷雾；防治幼虫则选择甲基异柳磷等药剂拌毒土撒施，或用毒死蜱兑水喷施。

注意

　　与一般施药需要保持 3～5 厘米水层的要求不同，针对稻象甲等水稻根部害虫，施药前先排干田水方可提高防效。

★ 34. 稻水象甲

〔发生规律〕

　　1）北方稻区每年发生 1 代，南方稻区每年发生 2 代。以成虫在稻田周围的草丛、树林、落叶层中滞育或休眠越冬，部分可在稻茬越冬。第 2 年春季气温回升后，成虫解除滞育开始取食杂草或玉米、小麦、茭白，浙江稻区在 4 月下旬开始迁入早稻秧田和本田，完成 1 代发育，大部分个体进入越夏越冬场所，少部分部分成虫迁入晚稻完成第 2 代发育，9～10 月后迁入周边越冬场所；早稻受害明显重于晚稻。河北稻区于 5 月开始迁入稻田，5 月下旬为迁入高峰，以田块边缘受害较重。

　　2）成虫具有假死习性，不善飞行，可在水中游泳，活动和取食偏好有水的环境；对黑光灯有强趋光性；具有夏季、冬季滞育特性。寄主植物种类多，在我国均为孤雌生殖，卵一般只产于水面下的植株上，若田间无水则很少产卵。越冬代产卵量为 60～80 粒，当年 1 代产卵量为 10～100 粒；卵期持续 6～8 天，初孵幼虫先在叶鞘内短期取食（一般不超过 1 天），其后离开叶鞘落入水中，蛀入根内为害，多集中于 0～8 厘米的土壤根系中活动；幼虫期为 30～40 天，有转株为害习性；老熟幼虫于活根上营造卵形土茧后化蛹，土茧与稻根通气组织相连，蛹依靠根系供氧。

　　3）水与稻水象甲的发生关系密切。由于冬后稻水象甲的取食和产卵偏好有水的环境，多种杂草为其寄主，因此在水稻栽种前，有水层、有禾本科杂草的田块成虫数量大，成为水稻本田的重要虫源。水稻秧苗期和分蘖初期，稻田保持深水层，有利于稻水象甲产卵。水稻移栽期能显著影响稻水象甲的发生时期和为害程度，提前或推迟插秧时间可使秧苗期和分蘖初期避开冬后成虫的迁入盛期，对其产卵不利。在原双季稻区，若压缩双季早稻面积或改种单季稻，有可能降低当地稻水象甲的发生程度。

4）稻水象甲主要通过运送稻草等进行远距离传播，成虫飞翔或借水流也能蔓延。氮肥过多的田块吸引成虫取食、产卵，同时降低了植株抗虫能力，受害较重。低洼、深泡水田块也有利于成虫产卵和幼虫发育，加之此种环境下稻苗补偿能力差，受害也重。蛙类、蜘蛛、蜻蜓稚虫等是稻水象甲的潜在捕食性天敌，但其控制效果有待进一步研究。

〔防治方法〕　该虫是我国检疫性害虫，在非疫区、疫区分别采取不同的防治方法。

(1) 非检疫的控制　对目前该虫尚无分布的地区，通过划定疫区范围、设立检疫哨卡等措施，严格限制来源于疫区的可能携带稻水象甲的植物及植物产品流入非疫区，可有效延缓该虫向非疫区的扩散为害速度。

(2) 疫区的防治

1）农业防治：农业防治措施主要有调整水稻播种期或选用晚熟品种的避害措施，以及排水晒田或延期灌水的水管理措施等。由于稻水象甲大多将卵产于水面以下的水稻叶鞘部分，因此，田块平整、排灌方便、产卵期湿润灌溉、确保无积水，是控制稻水象甲发生最为关键、有效的方法之一。类似地，采用旱育秧无积水可防止秧苗带卵；抛秧栽种通常是在浅水灌溉或不灌水保持湿润的条件下进行的，同样可降低秧苗的落卵量。此外，选用发根能力强的品种、培育壮秧、合理施肥均可减轻其为害。

2）物理防治：稻水象甲对黑光灯的趋性很强，可以利用这一习性，在越冬场所或稻田附近点灯诱集成虫，集中消灭。

3）化学防治：化学防治是当前防治稻水象甲的重要方法，

采用"防成虫控幼虫"的用药策略，即在越冬代成虫盛发产卵前用药，从而降低后代幼虫数量。有人提出越冬代成虫的防治指标为早稻每百丛有 30 头，但为防治疫区种群数量累积，减少向周边非疫区扩散的风险，当前疫区一般只要有发生均应施药防治。防治成虫可选用吡虫啉、三唑磷或毒死蜱等稻田常用药剂，兑水喷雾；用微生物农药——金龟子绿僵菌兑水喷雾也有较好的防效。防治幼虫可用甲基异柳磷颗粒剂，排水后撒入大田。

★ **35. 长腿食根叶甲**

[发生规律]

1）大多地区每年发生 1 代，北方部分地区 1 年多或 2 年发生 1 代，以幼虫在藕根、节间或有水的土下 10～30 厘米处越冬，第 2 年当 15 厘米处的土温稳定在 18℃以上时（南方为 4 月，北方为 5 月中下旬），幼虫爬至表土层，附着在越冬寄主根系上为害须根，土温为 23℃时为害最盛。苏北地区在 4 月下旬～5 月上旬幼虫开始取食，5～6 月化蛹，7 月进入羽化和成虫产卵盛期，7 月下旬～8 月上旬进入孵化盛期，10 月开始越冬；江西地区的为害期则较前提早半个月左右，湖北地区于 5 月初～6 月上中旬为害莲藕，6 月后出现各虫态，7 月成虫渐多。卵多产在眼子菜、稻、莲、长叶泽泻叶背面，卵期持续 6～9 天，长者达 11 天，多在中午或晚上 8：00 孵化，其中下午 2：00～6：00 时孵化量最多。孵后的幼虫下爬至土中为害嫩根，严重的 1 条地下茎有虫数十条，幼虫期为 330～360 天，长者达 1 年以上；老熟幼虫形成薄茧化蛹，蛹期为 13～17 天。成虫在土中羽化爬至水面，在叶片上停息，经 1～3 天即行交配和产卵，产卵期为 4～13 天，成虫寿命为 7～14 天，每雌平均产卵 130 粒，成虫趋光性不强，飞翔能力弱，有潜水习性和假死性，但很活泼。

2）长期积水的杂草滋生田块，利于幼虫为害和成虫取食、产卵，旱田或水旱轮作稻田一般不发生。早春气温较高，越冬幼虫上升活动早，则水稻受害重。

[防治方法]　一般不造成危害，不需要防治，在个别发生危害的地区或年份可采取以下措施。

（1）农业防治

1）结合农田基本建设，改造低洼积水田的排灌条件，是防治该虫发生的最为有效的途径。

2）冬季排除藕田、慈姑田积水，可使越冬虫口数减少。

3）实行水旱轮作，清除田间杂草，翻地时把眼子菜、鸭舌草等水生植物压入泥中，每亩撒石灰100千克，再耕耙。

4）在成虫盛发期用眼子菜等诱集成虫，产卵后集中烧毁或深埋。

（2）化学防治　重发地区，为害初期在根区土层撒施茶子饼粉20千克/亩，或用辛硫磷颗粒制成毒土于午后或傍晚均匀撒在放干水的稻田中，第2天放水深为3.3厘米润田，3天后恢复正常水管理。

★ **36. 非洲蝼蛄**

[发生规律]

1）在我国南方稻区每年发生1代，北方稻区2年发生1代。昼伏夜出，晚上9：00～10：00为取食高峰。成虫趋光性极强，并有强趋香、甜物质习性，对未腐烂的有机物也有趋性；初孵若虫有群集性，怕光、怕水、怕风。喜在潮湿的土中生活，故土壤类型极大地影响蝼蛄的分布与密度，一般总在稻田坝埂、沟渠两边、沿河两岸、菜地低洼处和水浇地等处栖息，水稻秧田及近沟渠两侧的本田易受其害。成虫多在上述栖息地5～15厘米深处做窝产卵，每室有卵20～85粒，雌虫在距卵室3～5厘米处守卫。

2）蝼蛄活动受土温的影响很大，秋季 20 厘米土温下降到 10.5℃时，成虫、若虫均潜入深层土壤越冬，一般在当地地下水位以上，冻土层以下。早春 20 厘米处土温上升到 2.3℃，越冬蝼蛄开始苏醒；当土温上升到 5.4℃，地面开始有蝼蛄活动；当土温 9.7℃时，地面可见大量蝼蛄活动隧道。春、秋两季，当土温达 16～20℃时，是蝼蛄猖獗为害时期，夏季气温在 23℃以上时蝼蛄潜入土中越夏，因此一年中蝼蛄的为害形成春、秋两个高峰。蝼蛄越冬前（约在立秋之后），成虫、若虫均急需取食，促进自身生长发育和贮存必要的脂肪以供越冬，因此，大量取食，形成一个为害晚稻及秋播作物的暴食期。

〔防治方法〕

（1）农业防治

1）结合农田基本建设，创造不利于蝼蛄发生的条件，并且直接消灭田埂、沟旁等处的蝼蛄。

2）对冬闲田灌水沤田，可以降低田间越冬虫数量。

3）夏季在其活动区挖窝灭卵，一般从产卵口往下挖 5～10 厘米即可。

（2）化学防治　受害严重的秧田可在播种前用辛硫磷或甲基异柳磷等药剂进行拌种处理；之后可在发生严重的水田边或搁田期间、旱地可采用投放毒饵的方法诱杀，可选用辛硫磷、甲基异柳磷或晶体敌百虫等药剂拌制毒饵，具体方法是：取适量的稻谷、谷子等煮成半熟，或大豆饼、玉米碎粒、麦麸等炒熟，取 15 千克上述材料和 0.5 千克药剂混拌均匀，傍晚放于蝼蛄出没的田间，每亩撒毒饵 2～3 千克，可有效防治蝼蛄。

★ 37. 稻水蝇蛆

〔发生规律〕

1）吉林每年发生 3～4 代，世代重叠。以成虫在田埂裂缝、大土块下及芦苇、碱草等杂草残枝下越冬。春季，当稻田排水沟及田边死水坑解冻后，成虫即开始活动。稻田灌水后即迁入稻田，田水越脏，漂浮物越多，成虫聚集越密，着卵量越高，幼虫发生量也越大。

2）该虫属于水稻苗期为害的害虫，苗期之后虽然还能在田外排水沟见到成虫、幼虫和蛹，但在稻田内已消退。水稻播种后整个苗期阶段则均可见幼虫，一般稻种萌发，临时根将由胚乳突破谷壳而出时，蝇蛆即由此处将头部钻入；也可以在初生根长出后蛀入稻种内部。被蛀稻种丧失发芽生根能力，或稍能发芽而秧苗长势极度衰弱，造成严重缺苗。及至水稻生出次生根后，蝇蛆由咬伤或咬断幼根，使秧苗扎根不牢，极易漂秧。

3）成虫有趋光性，白天常成群栖息在稻田一角或群集于田间漂浮物上，特别是中午温度高时，成虫更为活跃，遇降雨或降温时，成虫又潜伏于田边土缝或土块下。成虫产卵于水面漂浮物上，每雌产卵量超过 100 粒，卵历期为 4～5 天。卵孵出后即下潜，先取食土壤腐殖质，若此时稻种萌发、幼根已突破谷壳或长出初生根，即可钻蛀稻种内取食；2 龄后叮咬水稻幼根，偶见咬食水稻叶片；幼虫历期为 11～39 天，平均 15 天；老熟幼虫化蛹前停止取食，排除体内废物，并以第 9～11 节上伪足形成环状结构固定于稻根或茎叶等水面漂浮物上化蛹，蛹期约为 9 天。

4）该虫不同于其他水稻害虫的最显著特点是幼虫喜盐碱，只能生活在 pH7～9 的水中，因此该虫只在盐碱重的田间发生。在农田基本建设差、地不平、排水不畅，或盐碱地区新开垦田洗碱不彻底或田埂上有白碱、黑碱的稻田受害重，半干枯的浅水田和死水田受害重。

[防治方法]

(1) 农业防治　依据该虫喜盐碱的特点，加强农田基本建设，建设单排、单灌沟渠系统，填平死水坑，彻底改造治理盐碱地，减少其滋生场所，创造不利于稻水蝇发生的环境，是控制该虫最为根本的途径。此外，晴天及时排水晒田 1~2 天，利用阳光晒死幼虫，也可有效减少该虫的发生。

（2）化学防治　在成虫发生盛期选用杀虫双、三唑磷、晶体敌百虫、辛硫磷或敌敌畏等药剂兑水喷雾，或制成毒土撒施，均有较好的防效。

附　　录

附录 A　"三防两控"水稻全程病虫害轻简化防控技术集成方案

　　当前水稻生产上的病虫害发生种类多，通常不是单虫、单病的发生，因此实际生产中切忌只考虑单虫、单病的防控，而应从整个水稻全生育期多种主要病虫害的综合防控着手。鉴于高产高投入是导致当前水稻病虫害高发态势的重要原因，提出在以适度高产为目标（较当地平均产量增5%~10%），减少肥料（尤其是氮肥）投入，并因地制宜优先采用农业防治、物理防治、生物防治等非化学农药的控害技术，增强稻田对病虫系统抗性的基础上，依据水稻病虫害的发生规律，结合水稻生产的特点，主抓水稻生产关键环节的病虫害防控，集成"三防两控"水稻全程病虫害轻简化防控技术。

★ 1. 技术要点

　　"三防两控"水稻全程病虫害轻简化防控技术采取防、控两种策略，其中，"三防"，即主抓播种、移栽、破口前3个环节，属预防性防治，分别采用种子处理、送嫁药和破口前综合用药，简化用药决策，主要针对各地历年常发性病虫害采取预防性防治措施；"两控"，即分别在分蘖期、穗期对暴发性、流行性病虫害进行应急性达标防治（图A-1）。

　　（1）三防　针对当地历年常发性病虫，主抓播种、移栽、破口前3个关键环节，将防治措施前移而采取的预防性措施，不但能防患于未然，起到事半功倍的效果，还能减少用药量，节省

20~25天　　　　　60~85天　　　　　105~150天

萌发　幼苗　分蘖　拔节　孕穗　抽穗　扬花　乳熟　蜡熟　完熟

第一防
种子处理预防　　第二防
秧苗期病虫害　　送嫁药预防
　　　　　　　　本田前期病虫　　　　　　第三防
　　　　　　　　　　　　　　　第一控　破口前综合用药
　　　　　　　　　　　　　　分蘖期达标防治　预防穗期病虫　　第二控
　　　　　　　　　　　　　　　　　　　　　　　　　　　穗期达标防治

图 A-1 "三防两控"水稻全程轻简化防控技术节点简图

施药用工，尤其是第二防（送嫁药），可减少本田用药和人工，并有利于保护本田天敌，发挥稻田对病虫的自然控制力。因不同水稻种植区的病虫害发生规律有所不同，大概率发生的病虫种类有一定差异，因此"三防"对象需依据不同生态区各种植类型历年病虫的发生情况进行确定，详见表 A-1。例如，在水稻病毒病重发区，"三防"中的前两防（种子处理、送嫁药）以病毒病及其传播媒介稻飞虱为主要预防对象。在秧苗和本田前期病虫害轻发的地区，"三防"可省去或简化前面两防。

表 A-1　各水稻主产区"三防"的常发性病虫害种类

地域	水稻类型	第一防	第二防	第三防
长江中游稻区	早稻（3月下旬播）	恶苗病	无	稻纵卷叶螟、白背飞虱、稻瘟病、纹枯病
	中稻（4~5月播）	恶苗病、南方黑条矮缩病、白背飞虱、稻蓟马、二化螟	南方黑条矮缩病、白背飞虱、稻纵卷叶螟	稻曲病、白背飞虱、稻瘟病、纹枯病
	晚稻（6月底播）	恶苗病、南方黑条矮缩病、白背飞虱、稻蓟马	南方黑条矮缩病、白背飞虱、二化螟、稻纵卷叶螟	稻曲病、褐飞虱、稻纵卷叶螟、稻瘟病、纹枯病

（续）

地域	水稻类型	第一防	第二防	第三防
长江下游稻区	中稻（4～5月播）	恶苗病、稻蓟马	黑条矮缩病、灰飞虱、稻纵卷叶螟	稻曲病、稻飞虱、稻瘟病、纹枯病
	单晚（5～6月播）	恶苗病、黑条矮缩病、稻蓟马	南方黑条矮缩病、白背飞虱	稻曲病、稻飞虱、稻纵卷叶螟、稻瘟病、纹枯病
华南稻区	早稻（3月播）	恶苗病、南方黑条矮缩病、白背飞虱	南方黑条矮缩病、白背飞虱	稻飞虱、稻纵卷叶螟、稻瘟病、稻曲病、纹枯病
	晚稻（7月播）	恶苗病、南方黑条矮缩病、白背飞虱、稻蓟马	南方黑条矮缩病、白背飞虱	稻曲病、稻飞虱、稻纵卷叶螟、稻瘟病、纹枯病
西南稻区	中稻（4月播）	恶苗病、白背飞虱、南方黑条矮缩病	二化螟、南方黑条矮缩病	稻瘟病、稻曲病、纹枯病、稻飞虱
东北稻区	中稻（4～5月播）	恶苗病、立枯病、稻瘟病	无	稻曲病、稻瘟病、纹枯病

1）第一防——种子处理：播种前选用长持效药剂品种或剂型进行浸种或拌种，主要预防土传或种传的病害及秧田期病虫害（表 A-2）。对于恶苗病重发的水稻品种或地区，种子处理是最有效的恶苗病防治措施。

2）第二防——送嫁药（或称带药下田）：移栽前 1～3 天，采用长持效药剂按大田用量的 15～20 倍均匀撒施于秧盘或均匀喷雾，主要预防本田前期（栽后 1 个月）的病虫（表 A-3），可减少本田前期用药 1 次。此外，因大田前期减少 1 次用药，有利于保护稻田天敌等有益生物，发挥田间自然因子的控害作用。

表 A-2　第一防水稻病虫与种子处理方法

病 虫 对 象	推荐药剂种类与处理方法
恶苗病	25%咪鲜胺 200~250 倍液、50%多菌灵、50%甲基托布津或 50%福美双 500 倍液浸种，种子量与药液质量比为 1∶(1.2~1.5)。浸种时间因环境温度而异，16~18℃时浸 3~5 天，20~25℃时浸 2~3 天，25℃以上时浸 1~2 天
病毒病、白背飞虱或灰飞虱、稻蓟马	每千克种子用 70%吡虫啉 3~4 毫升或 30%噻虫嗪 2~3 毫升或 20%吡蚜酮 3~5 克拌种
二化螟	每千克种子用 20%氯虫苯甲酰胺 15~20 毫升（对氯虫苯甲酰胺未产生抗性地区）或 34%乙多·甲氧虫酰肼悬浮剂 20~25 毫升（对氯虫苯甲酰胺产生抗性的地区）拌种
立枯病	每千克种子用取 70%恶霉灵 4~7 克拌种，兼防恶苗病。
稻瘟病	每千克种子以 50%多菌灵 800 倍液或 25%咪鲜胺、50%稻瘟净 1000 倍液浸种 2 天，种子量与药液质量比为 1∶(1.2~1.5)

表 A-3　第二防水稻病虫对象与送嫁药施药方法

病 虫 对 象	推荐药剂种类与用量	施 药 方 法
病毒病、白背飞虱或灰飞虱、稻蓟马	每亩秧田用 10%吡虫啉 300~450 克或 25%吡蚜酮 400~600 克	移栽前 2~3 天兑水 45 千克均匀喷雾；机械插秧还可制成毒土或颗粒剂于栽前 0~2 天均匀撒施
二化螟、稻纵卷叶螟	每亩秧田用 20%氯虫苯甲酰胺 180~300 毫升（对氯虫苯甲酰胺敏感地区）或 34%乙多·甲氧虫酰肼 600~900 毫升（对氯虫苯甲酰胺产生抗性地区）	

3）第三防——破口前预防性综合用药：破口前针对穗期病虫害采取的综合性用药措施（表 A-4），具体时间可根据主防的病虫对象而调整，如主防稻曲病时在破口前 7~10 天用药，主防

穗颈瘟则在破口前 0~3 天用药。本次综合用药通过一药多防的方式，除了针对稻曲病、稻瘟病等通常需要预防的对象之外，还采用长持效药剂对穗期稻飞虱等害虫提前进行预防，以减少穗期用药概率。

表 A-4　第三防水稻病虫对象及推荐用药

病虫对象	推荐药剂种类与用量	施药方法
主防稻曲病、兼纹枯病、稻瘟病	破口前 7~10 天，每亩用 75% 肟菌·戊唑醇 15~20 克；稻曲病重发年份，1 周后再每亩用 25% 苯醚甲环唑 50~75 毫升	兑水 45 千克常规喷雾，或兑水 1~1.2 千克飞机喷雾
主防稻曲病、兼纹枯病、稻瘟病	破口前 0~3 天，每亩用 25% 三环唑 60~80 克 +25% 苯醚甲环唑 50~75 毫升。稻瘟病重发区，1 周后每亩用 40% 稻瘟酰胺 50 毫升或 40% 稻瘟灵 100 毫升	
稻飞虱	施药时间同主防病害。每亩用 25% 吡蚜酮 15~20 克或 20% 呋虫胺 20~30 毫升	
二化螟、稻纵卷叶螟	施药时间同主防病害。每亩用 20% 氯虫苯甲酰胺 10~15 毫升（对氯虫苯甲酰胺敏感地区）或 34% 乙多·甲氧虫酰肼 25~30 毫升（对氯虫苯甲酰胺产生抗性地区）	

（2）**两控**　两控是针对暴发性或流行性病虫害达到防治指标时进行的应急性防治，优先采用高效生物农药，减少分蘖期对天敌的影响，避免穗期稻谷中农药残留。

1）第一控——分蘖期的达标防治：指对水稻分蘖期达到防治指标的流行性病害或暴发性害虫进行的防治（表 A-5）。其中，稻飞虱优先选用速效 + 持效的药剂或组合，鳞翅目害虫（稻纵卷叶螟、二化螟等）优先选用生物农药。

表 A-5　第一控水稻病虫对象及其推荐用药

病虫对象	推荐药剂种类	施药方法
稻纵卷叶螟、二化螟	32000 国际单位/毫克苏云金杆菌 100～150 毫升	兑水 25～30 千克常规喷雾，或兑水 0.8～1 千克飞机喷雾
稻飞虱	25% 吡蚜酮 15～20 克 + 50% 异丙威 45～60 克	
纹枯病	24% 噻呋酰胺 20 毫升	

2）第二控——穗期的达标防治：指水稻穗期进行的达标防治（表 A-6）。如稻飞虱，乳熟期达每百丛有 1000～1500 头，则以速效性较强的药剂为主（对于穗期长的单季晚粳稻还应考虑选长持效性药剂）；螟虫为害达到枯鞘丛率 3% 或穗茎螟害株率 1%，稻纵卷叶螟为害束尖率达 3% 时优先选用生物农药。

表 A-6　第二控水稻病虫主要对象与防治方法

病虫对象	推荐药剂种类与施药方法
稻飞虱	20% 烯啶虫胺 25～30 克，兑水 45 千克常规喷雾或兑水 1～1.2 千克飞机喷雾；或 80% 敌敌畏 30～45 毫升，拌 8～10 千克细沙土制成毒土均匀撒施
稻纵卷叶螟、二化螟	32000 国际单位/毫克苏云金杆菌 100～150 毫升，兑水 45 千克常规喷雾或兑水 1～1.2 千克飞机喷雾
纹枯病	24% 噻呋酰胺 20 毫升，兑水 45 千克常规喷雾或兑水 1～1.2 千克飞机喷雾

★ **2. 技术特点**

（1）针对水稻全程病虫害防控的综合集成技术　提倡在优先采取非药剂控害技术、增强稻田系统抗性的基础上，与水稻生产关键环节结合，从水稻全程病虫害防控的角度，采用“防”“控”两种不同的策略，提出“三防两控”水稻病虫害全程轻简化防控技术集成模式，不是一种单纯的药剂防控方案。该技术需要因地制宜，不同地区或类型田依据当地病虫发生特点，确定"三防两控"的病虫对象。

（2）技术实用性强　本技术可有效防控主要病虫害，防效一般优于常规方法。其中，"三防"针对大概率发生危害的病虫，依据水稻生产当中播种、移栽和破口等关键环节采用预防性措施，解决了常规防治中稻农需要掌握田间实时病虫发生动态、进而决定是否用药的难题，简单易学，具有较高的可操作性和实用性，实现了稻农防治决策的轻简化。同时，第一、二防分别将秧田期防治前移至播种前种子处理和移栽前秧田，劳动强度大幅下降，有助于缓解水稻生产中劳动力紧缺的困难。此外，第二防还方便与工厂化育秧结合，有较好的应用前景。

（3）生态效益明显　水稻全生育期化学农药用量的显著减少，降低了农药对稻田环境的污染和对生态环境的负面影响。其中，第一防种子处理、第二防秧田送嫁药将药剂施用范围分别局限在播种前和秧田，减少了化学农药的施用范围；而第一控、第二控提倡优先施用生物农药，进一步减少了对环境的破坏；可保护稻田天敌，提高稻田对病虫害的自然控制能力。

附录 B　水稻化学防控中的重要技术要点

一、常用药剂的使用要点 >>>>

★ 1. 种子处理技术

本书涉及的种子处理主要指利用化学药剂进行浸种或拌种，预防病虫害对水稻种子和幼苗生长产生危害的技术。所用的药剂通常是根据防治的有害生物类型选择合适的杀虫剂或杀菌剂。

（1）浸种 将种子在一定浓度的药剂水分散液里浸渍一定时间，使得种子吸收或黏附药剂的方法。种子在吸收水分的同时，也吸收一定量的农药，进而杀灭种子已携带的有害生物，保护种子并避免病虫对秧苗的进一步为害。

水稻浸种法的操作简单，将待处理的种子直接放入配置好的药液中，在便于搅拌的设备中加以混匀，使种子与药液充分接触即可。为了避免由于种子吸水导致的水位降低而引起种子未覆盖完全，进而影响浸种效果，干燥的水稻种子浸种时，种子与药液比为1:1.25，而经过盐水选种后的湿水稻种子与药液比为1:1。

浸种对农药剂型有一定的要求，能在水中分散和稳定悬浮或者经搅拌能均匀分散在水中并与水形成相对稳定的药液，可保证药剂与种子充分接触，适合浸种。具体来说，乳油和悬浮剂的粒径小、分布均匀，形成的药液分散度好；水剂溶解性好，但润湿性较差；可湿性粉剂颗粒粒径大、分布宽，形成的药液稳定性和分散度较差；粉剂则不宜用作浸种使用。药剂稳定的可补充药液重复使用，避免浪费和减少对环境的污染；但部分农药的有效成分在水中不稳定，需要现配现用。

浸种过程中的药液浓度、温度、时间与防病虫效果密切相关。使用浓度相同的药液，温度高时浸种时间较短，温度低时浸种时间需延长，如在南方浸种时间一般为12~48小时，北方则为48~72小时，就是浸种时南方水温一般较高而北方水温较低之故。同理，温度相同时，药液浓度较低的所需时间长于药剂浓度高的。

浸种前一般需要晒种和选种。选种前先晒1~3天，利用太阳光谱的短波光杀死附着在种子表面的病菌，增进种子内酶的活性，进而提高发芽势，使其出芽快且整齐。选种指利用风、筛、簸、泥水或盐水进行，汰除空壳、瘪粒、枝梗、杂物及霉菌孢子等。生产中已经过选种和晒种处理的种子无须重复此步骤。

（2）拌种　将种子与药剂按照一定比例进行充分搅拌混匀，使每粒种子外表覆盖均匀药层的方法。生产上通常与浸种配合使用。种子量较少时可人工拌种，将种子和药剂按照一定的比例放入洁净的布袋或桶中，轻柔地翻动 5 ~ 10 分钟即可；种子量大时难以翻动，需采用机械拌种，药剂和种子按比例加入滚筒拌种箱中（种子量不超过拌种箱最大容量的 75%，以保证有足够空间供种子翻滚），以 30 ~ 40 转/分钟速度正反向滚动 2 分钟拌种，待药剂在种子表面散布均匀即可。

拌种对病虫的防效不但与拌种操作的质量好坏有关，还取决于药剂及其剂型的选择。拌种用农药应选内吸性较好的种类，且不能产生药害。所用剂量因作物种类和药剂性质而定，一般为种子重的 0.2% ~ 10%。干拌（干种子拌种）以粉剂、水分散粒剂、可湿性粉剂等粉体剂型为主，湿拌（催芽后拌种）则以水剂或乳油为主。

★ **2. 喷雾技术**

喷雾技术是指用喷雾器械将液态农药喷洒成雾状分散体系（即雾化），均匀地覆盖在作物及防治对象上的施药技术，是防治稻田有害生物的主要方法，占稻田化学防治的 80% 以上。

目前稻田常用的喷雾药械有背负式喷雾器（含机动、手动）、担架式喷雾器、走入式高地隙喷杆喷雾机、飞机喷雾（包括有人机、无人机）等类型。除无人机喷雾为超低容量喷雾，部分背负式机动喷雾器（如田园公司的轻松宝）为低容量喷雾之外，多为常规容量喷雾。

用足水量是确保喷雾效果的重要条件，具体需水量与喷雾类型和水稻生育期有关。一般来说，大田前期稻株群体较小，可少些，常规喷雾、超低容量喷雾每亩所需药液量分别为 25 ~ 30 千克、0.6 ~ 1 千克；而水稻拔节后群体较大，所需药液量较多，常规喷雾和超低容量喷雾每亩所需药液量分别为 45 ~ 60 千克、

1~1.2千克。用水量还与喷雾器所选用的喷头等因素有关，在此不能一一详述，具体情况还应参照相关喷雾器械及其配套喷头的用药量说明进行。

此外，田间是否有水也影响施药效果。通常情况下，喷雾施药时田间保持3~5厘米的浅水层，并保持5~7天，可提高防效。

二、药剂使用的注意事项 >>>>>

★ 1. 合理用药，延缓或避免病虫对药剂产生抗药性

化学农药使用一定时间之后，病虫害对药剂的敏感性下降，即产生抗药性。目前，我国水稻病虫害的抗药性问题较严重，最为突出的是褐飞虱、二化螟对主要杀虫剂普遍产生高抗药性或抗药性上升趋势十分明显；部分地区二化螟对氯虫苯甲酰胺产生高抗药性之后，出现了无药可用的被动局面。造成此局面最为重要的原因是滥用农药。

生产上经常会发现对某种防效好的药剂过度依赖或迷信，连续多年、同一季水稻中连续多次使用同一种药剂。在南方稻区，一季水稻连续用3~4次吡蚜酮、氯虫苯甲酰胺、阿维菌素的现象十分普遍，这正是造成害虫对这些药剂抗药性迅速上升的重要因素。因此，合理用药是延缓或避免病虫产生抗药性的关键，应注意不同作用机制药剂的轮用，确保一季水稻同一种药剂的使用次数最多不要超过2次，尽量只用1次。对于种子处理用的杀菌剂，不宜单一地多年使用同一种，最好与其他药剂轮换使用。

★ 2. 重视药剂的安全间隔期

在水稻穗期使用化学药剂，要特别注意药剂的安全间隔期（收割前不能使用某农药的天数），避免农药残留于稻谷。不同药剂种类的安全间隔期要求不同，要仔细阅读所用药剂的使用说

明和注意事项。用于水稻上部分农药的安全间隔期为：井冈霉素14 天、异稻瘟净 20 天、扑虱灵 14 天、叶蝉散 10 天、灭病威 20 天、DT 杀菌剂 5～7 天、粉锈宁 15～20 天、甲基托布津 14 天、多菌灵 20～25 天、叶枯净 7～10 天。

★ 3. 使用农药中的安全防护和应急措施

凡使用化学农药防治病、虫、草、鼠害，均应严格按照《农药安全使用规定》操作（以下均相同）。首先要弄清农药的种类，并注意阅读药剂使用说明，了解药剂是属高毒、中等毒还是低毒类，弄清使用范围、使用时期、最高使用量，安全使用期和其他注意事项及施药人员的个人保护等信息。尤其需要重视施药过程中人员的防护，例如，拌种时应戴橡皮手套，喷雾时戴口罩，必要时穿戴专用的防护服，施药后用肥皂洗手、洗脸；经药剂处理过的种子应妥善存放，不得与食物和日用品混在一起，以免人畜误食中毒。部分药剂的安全注意事项如下。

（1）稻瘟灵（富士 1 号）　若有误食，即用浓食盐水使其呕吐，解开衣服，将中毒者放在阴凉、空气新鲜的地方休息。

（2）异稻瘟净　若有误服中毒，可注射阿托品，口服解磷定。

（3）菌虫清　属有毒农药，若中毒，应按有机磷和杀菌剂农药急救和治疗。

（4）粉锈宁　误用中毒时，其症状一般为呕吐、激动、昏晕等，应立即找医生诊治。

（5）灭瘟素　对皮肤和眼睛有刺激性，使用中要注意安全防护。若不慎将药液溅入眼睛或皮肤上，要立即用清水冲洗，如果眼睛红肿，可用维生素 B_2 或氯霉素眼药水治疗；若不慎误食，立即吞服 2 片硫酸阿托品，并送往医院诊治。

（6）代森铵　附着在皮肤上可残留黑色斑点，对皮肤有刺激性，若沾在皮肤上应立即用肥皂水洗净。

（7）**克线磷** 应避免与皮肤接触，同时施药时不可饮水、吃东西或吸烟，施药完毕后，应用肥皂水清洗手、面部及接触过药剂的部位。如果不慎引起中毒，发现头晕、头痛、恶心、呕吐、呼吸困难及出汗等症状时，应立即请医生诊治，同时吞服2片硫酸阿托品。施药后6周内，勿让家禽和家畜进入处理区。

（8）**叶枯净** 要注意人身安全，施药时不得抽烟、吃东西，如果有中毒应对症治疗，目前尚无特效解毒药。

（9）**三环唑** 中毒后无特效解毒药，应以预防为主。

此外，部分药剂对蜜蜂、水生生物有较大的毒性。对蜜蜂毒性大的药剂（如速灭威）应避免在花期使用；对水生生物有毒的药剂（如杀螟松对鱼类有毒），应避免将剩余药液倒入河流、鱼塘，也不要在河流、鱼塘洗涤容器。

参 考 文 献

［1］OU S H. Rice Diseases［M］. 2nd ed. London：Commonwealth mycological institute，1985.

［2］SHEPARD B M.，BARRION A T，LITSINGER J A. Rice feeding insects of tropical Asia［M］. Manila：International Rice Research Institue，1995.

［3］丁锦华. 农业昆虫学［M］. 南京：江苏科学技术出版社，1991.

［4］方中达. 中国农业植物病害［M］. 北京：中国农业出版社，1996.

［5］傅强，黄世文. 水稻病虫害诊断与防治原色图谱［M］. 北京：金盾出版社，2005.

［6］高桥英一，吉野实，前田正男. 新版原色作物の要素欠乏・過剰症［M］. 東京：農山漁村文化協会，1983.

［7］郭予元. 中国农作物病虫害：上册［M］. 3 版. 北京：中国农业出版社，2015.

［8］侯恩庆，张佩胜，王玲，等. 水稻穗腐病病菌致病性、发生规律及防控技术研究［J］. 植物保护，2013，39（1）：121-127.

［9］化学工业日報社. 病害虫カラー写真集（増補改訂版）［M］. 東京：化学工業日報，1985.

［10］赖传雅. 农业植物病理学（华南本）［M］. 北京：科学出版社，2003.

［11］李路，刘连盟，王国荣，等. 水稻穗腐病和穗枯病的研究进展［J］. 中国水稻科学，2015，29（2）：215-222.

［12］李婷，王建龙. 水稻稻瘟病抗性基因研究进展［J］. 作物研究，2012，26（6）：713-718.

［13］李永宾. 水稻稻瘟病的发生特点及防治技术［J］. 现代农业科技，2013（14）：147-150.

［14］農山漁村文化協会. 病害虫診断防除編（第一巻　普通作物）（改訂新版）［M］. 東京：農山漁村文化協会，1987.

［15］任鄩胜，肖培村，陈勇，等. 水稻稻瘟病病菌研究进展［J］. 现代农

业科学，2008，15（1）：19-23.

[16] 孙国昌，杜新法，陶荣祥，等. 水稻稻瘟病防治策略和 21 世纪研究展望［J］. 植物病理学报，1998，28（4）：289-292.

[17] 筒井，喜代治. 原色·作物害虫防除［M］. 13 版. 東京：家の光協会，1988.

[18] 肖淑英，朱荣，施丁寿，等. 水稻抗稻瘟病的研究进展［J］. 农业研究与应用，2012（6）：72-75.

[19] 张帅，傅强，王凤乐. 水稻科学用药指南［M］. 北京：中国农业出版社，2018.

[20] 张维球. 农业昆虫学［M］. 2 版. 北京：中国农业出版社，1994.

[21] 浙江农业大学. 农业植物病理学：上册［M］. 上海：上海科学技术出版社，1982.